EMBROIDERED
KITCHEN GARDEN

Embroidered
Kitchen Garden

Embroidered
Kitchen Garden

EMBROIDERED
KITCHEN GARDEN

收 穫 自 然 野 趣 の

EMBROIDERED

青木和子庭院蔬菜刺繡

KITCHEN GARDEN

EMBROIDERED KITCHEN GARDEN

CONTENTS

起因是一只盛滿夏季泥土芬芳之氣的蔬菜箱。

我從中取出了從未見過、形狀奇特的鮮豔番茄，

還有俐落細長的茄子，

未曾嚐過的紫色＆奶油色菜豆，

以及其他不知名的葉菜們……

嚐起來會是怎樣的味道呢？

我壓抑著雀躍不已的心情，先畫下它們的素描。

有紅綠交錯的番茄，

還有紅紫交融的蔬果，

嗯，西葫蘆的斑紋真難以水彩畫出來……

但換成刺繡說不定意外地容易表現？

畫著畫著，竟覺得像是在刺繡了呢！

與花朵有著不同形狀＆色彩搭配的蔬果野菜主題，令人感到無比新鮮，

而且經過素描之後，彷彿就能確認它們的味道一般。

藉由素描這些身旁常見的植物，或將其作為刺繡題材，

就能與它們產生更進一步的聯動感。

還請以此書，

與蔬菜共度特別的時光。

青木和子

KITCHEN GARDEN PLANNING

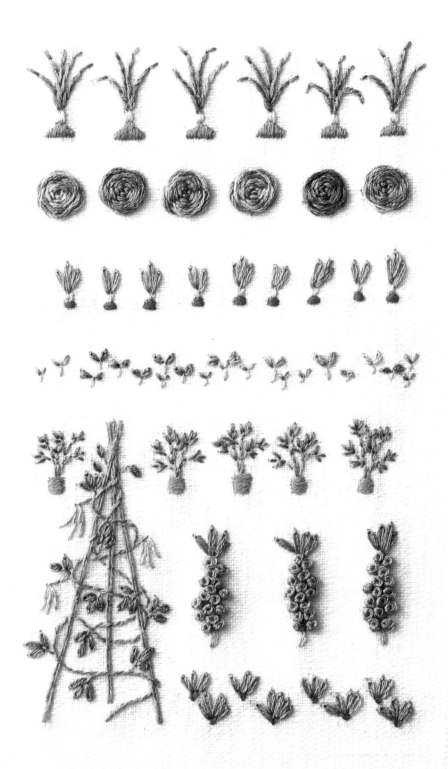

>see p.54

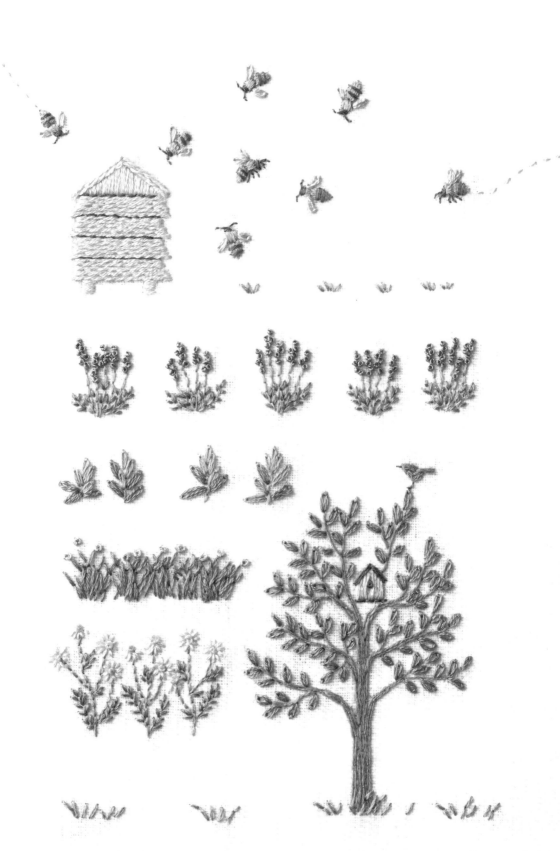

>see p.55

1

2

3

Tomato

>see p.56

'Sicilian Rouge'

'Aiko'

'Green Zebra'

'White Queen'

'Blackcherry'

'Tomatoberry'

9

>see p.57

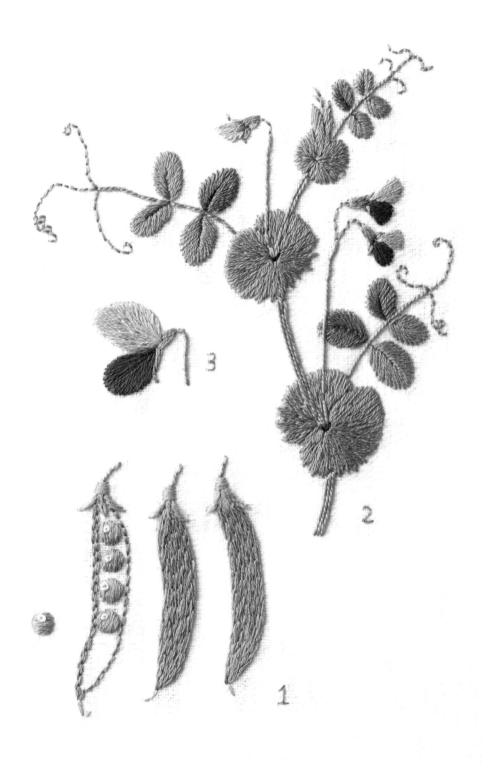

3

2

1

Peas

>see p.58

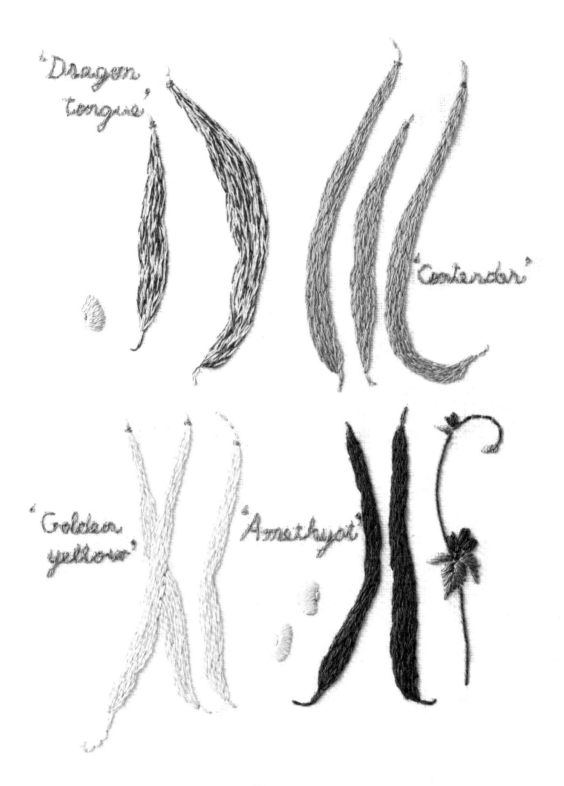

'Dragon tongue'

'Contender'

'Golden yellow'

'Amethyst'

Bean

>see p.59

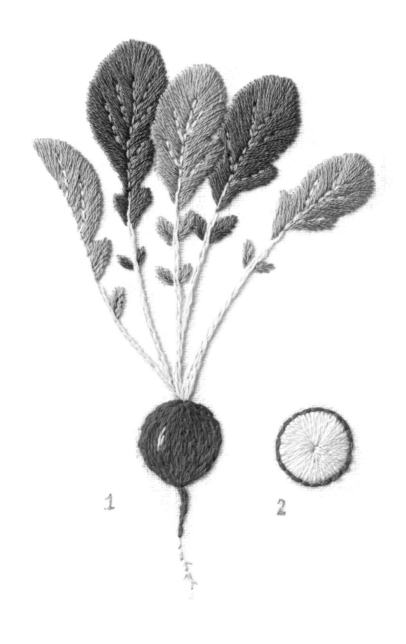

1

2

Radish

>see p.60

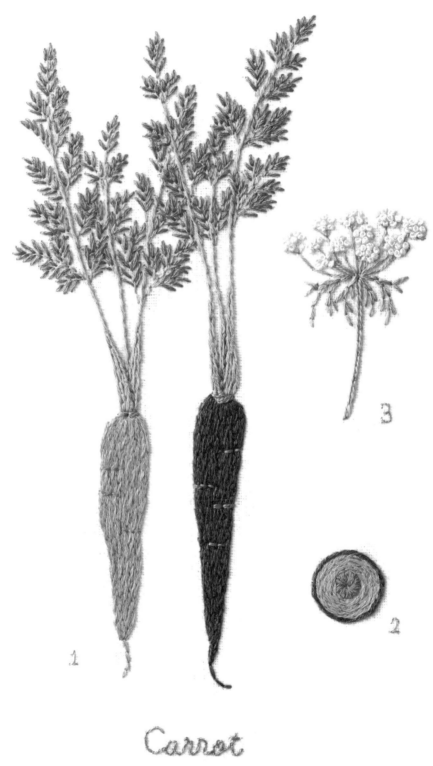

1   2   3

Carrot

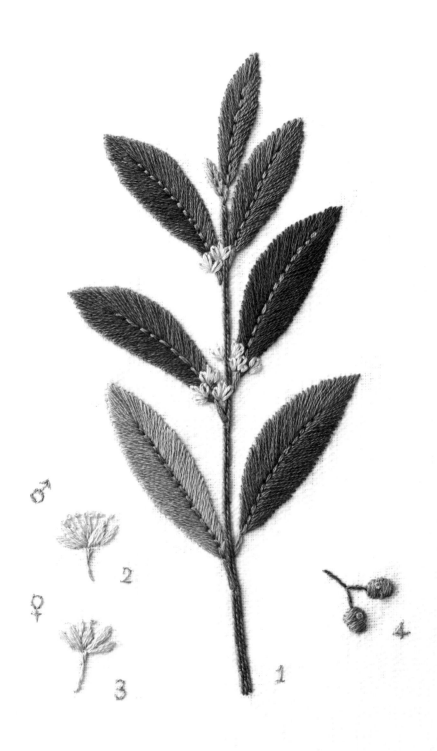

♂

2

♀

3

1

4

Laurel

>see p.62

1   2

Dill

>see p.63

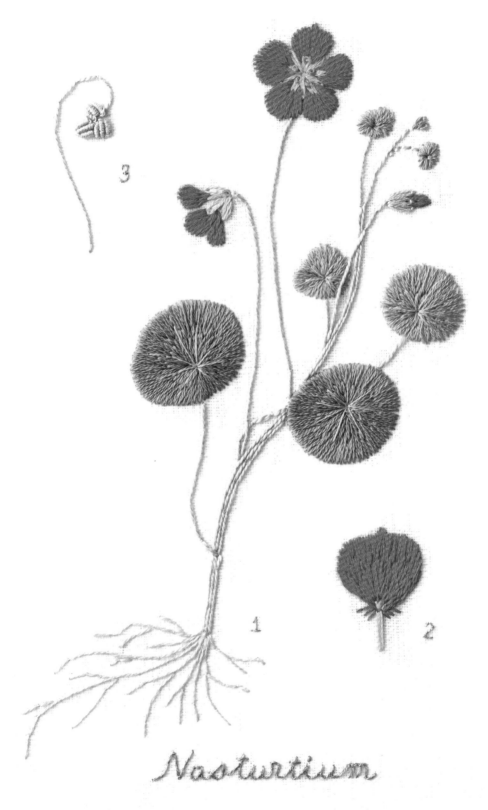

3

1

2

Nasturtium

1   2

Rosemary

Zucchini

>see p.66

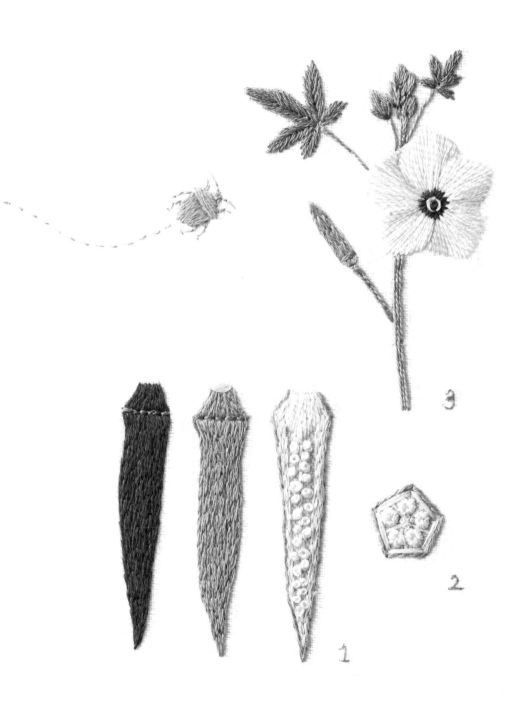

1

2

3

Okra

>see p.67

2

1

3

Rocket

>see p.68

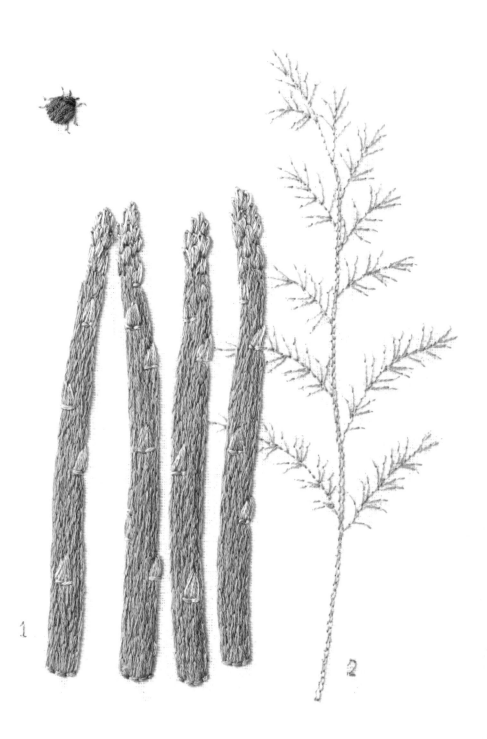

Asparagus

1

2

MESCLUN

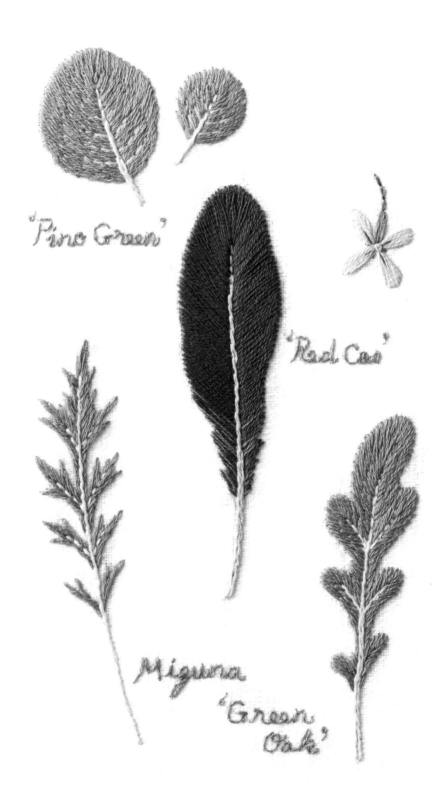

'Pino Green'

'Red Cos'

Mizuna

'Green Oak'

>see p.70

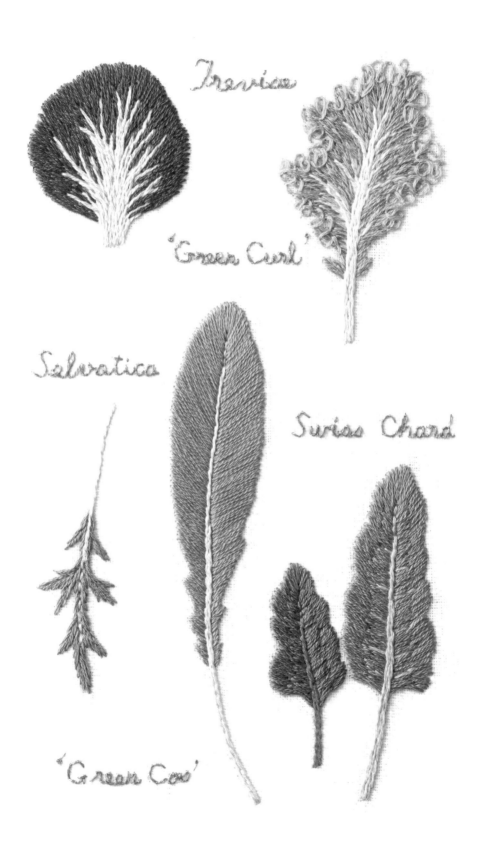

Treviso

'Green Curl'

Selvatica

Swiss Chard

'Green Cos'

EDIBLE FLOWER

Dianthus

Viola

Rose

Borage

Nabana

>see p.72

Primula

Daisy

Narrow-leaved
Vetch

Lilac

Cornflower

Nasturtium

25
>see p.73

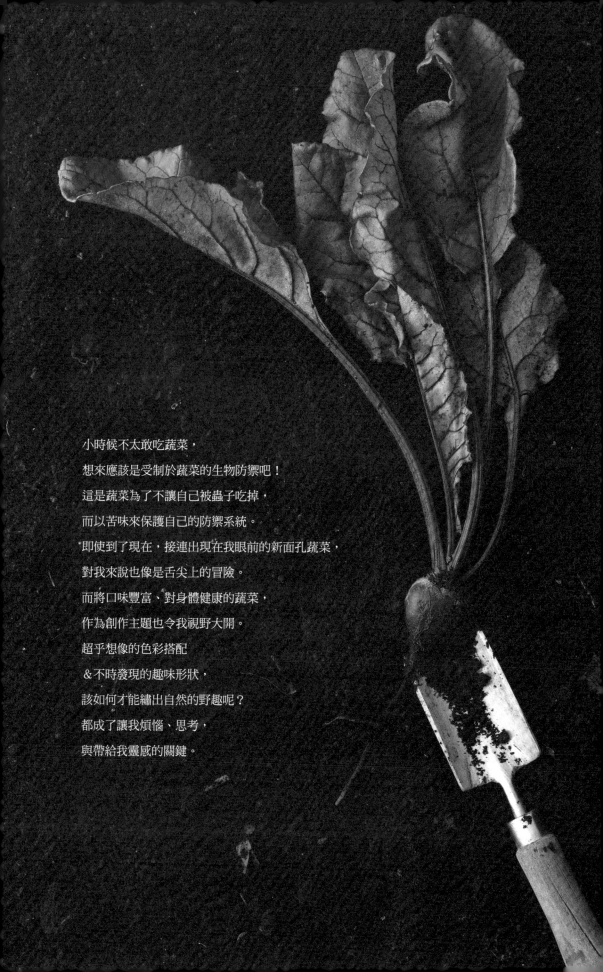

小時候不太敢吃蔬菜，

想來應該是受制於蔬菜的生物防禦吧！

這是蔬菜為了不讓自己被蟲子吃掉，

而以苦味來保護自己的防禦系統。

即使到了現在，接連出現在我眼前的新面孔蔬菜，

對我來說也像是舌尖上的冒險。

而將口味豐富、對身體健康的蔬菜，

作為創作主題也令我視野大開。

超乎想像的色彩搭配

＆不時發現的趣味形狀，

該如何才能繡出自然的野趣呢？

都成了讓我煩惱、思考，

與帶給我靈感的關鍵。

MY FAVORITE TOOLS

>see p.74

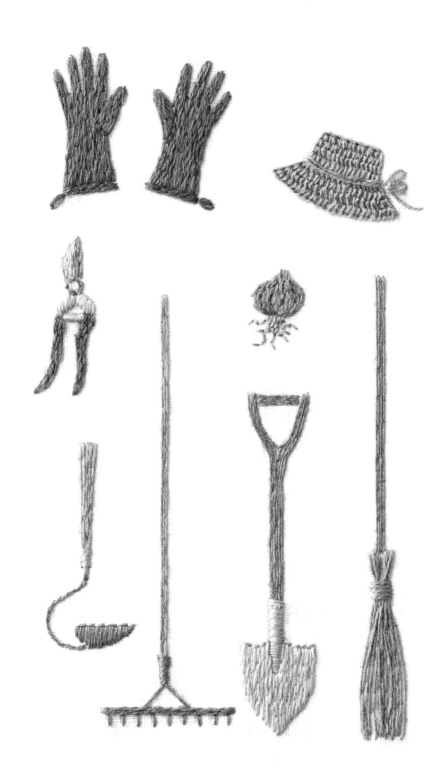

>see p.75

Egg Plant

>see p.76

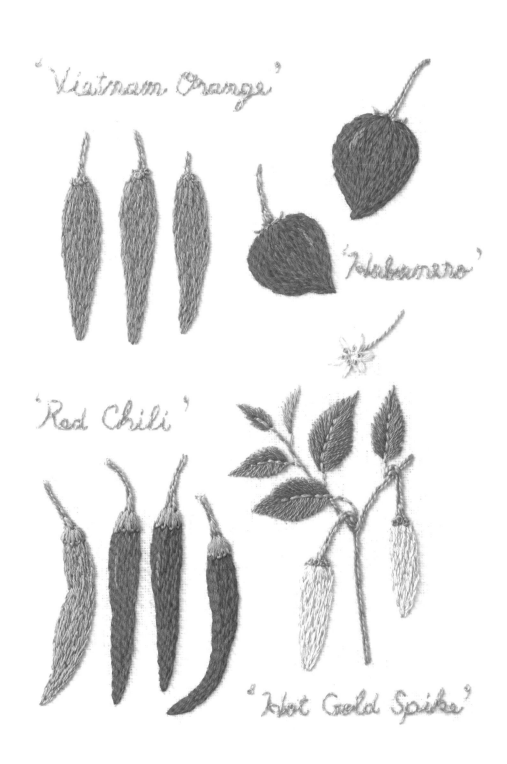

'Vietnam Orange'

'Habanero'

'Red Chili'

'Hot Gold Spike'

Chili Pepper

>see p.77

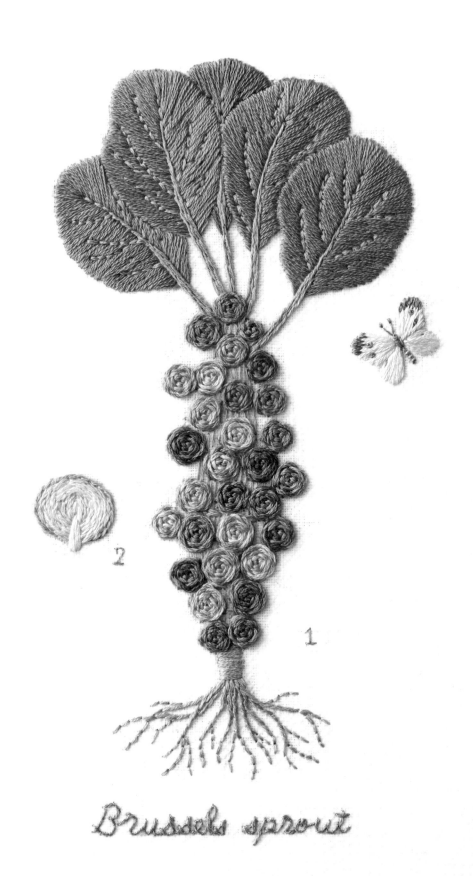

2

1

Brussels sprout

>see p.78

1

2

Komatsuna

Pumpkin and Squash

>see p.80

'Korinnki'

'Sweet Mamma'

'Butternut'

'Jackpot'

>see p.81

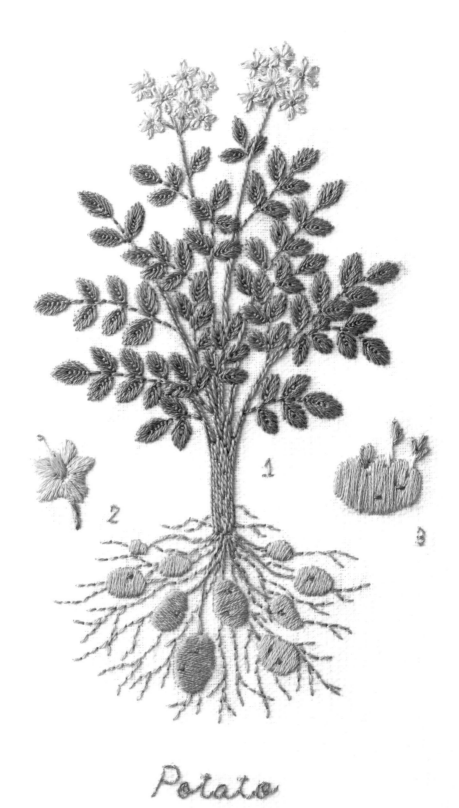

1

2

3

Potato

>see p.82

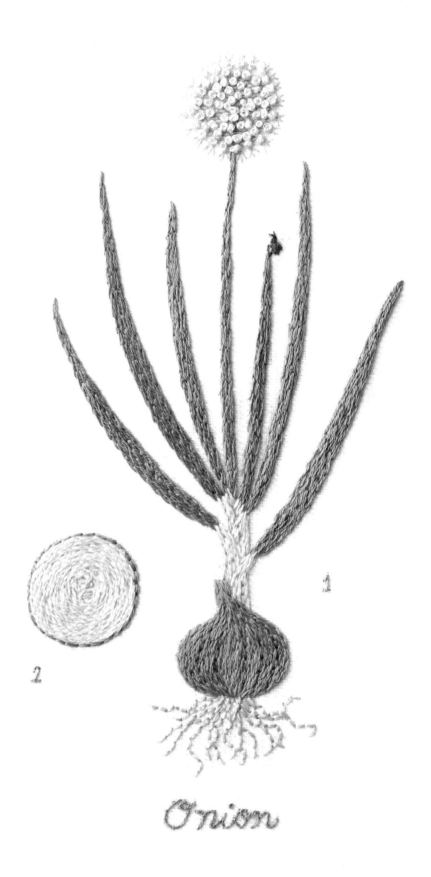

Onion

1

2

>see p.83

SPROUT

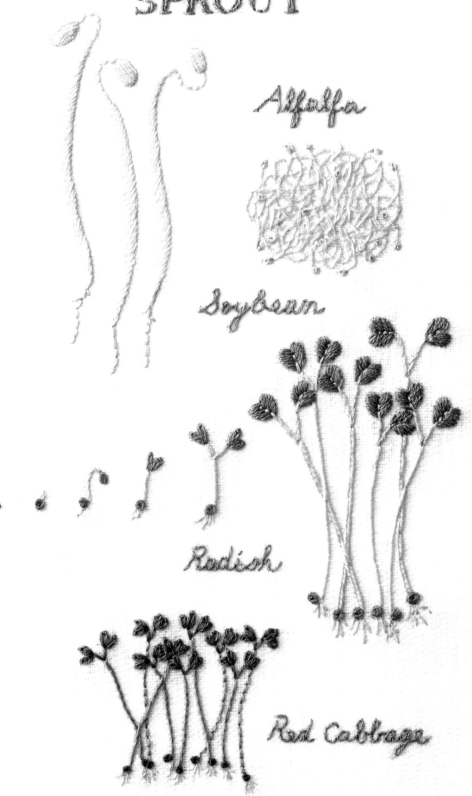

Alfalfa

Soybean

Radish

Red Cabbage

>see p.84

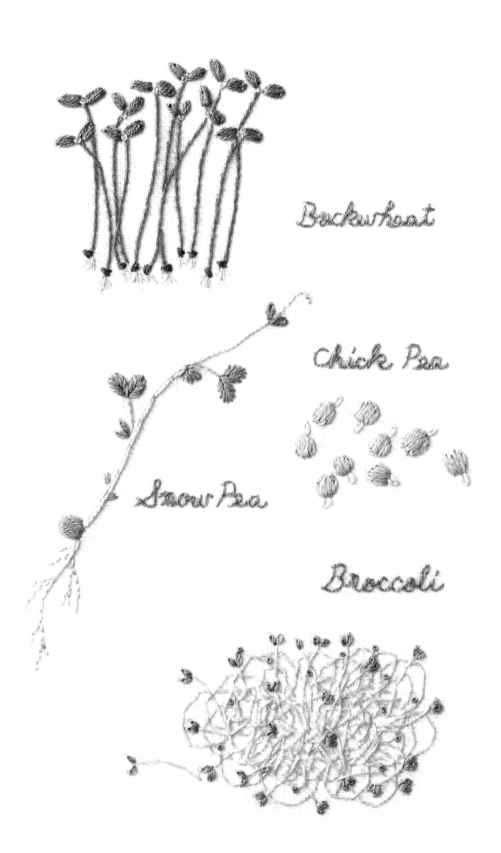

Buckwheat

Chick Pea

Snow Pea

Broccoli

>see p85

Chive

2

1

3

Marigold

>see p.87

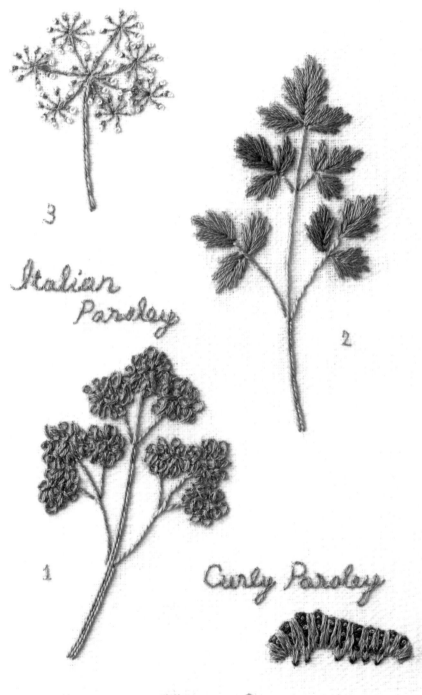

3

Italian
Parsley

2

1

Curly Parsley

Parsley

>see p.88

2

1

Sage

>see p.89

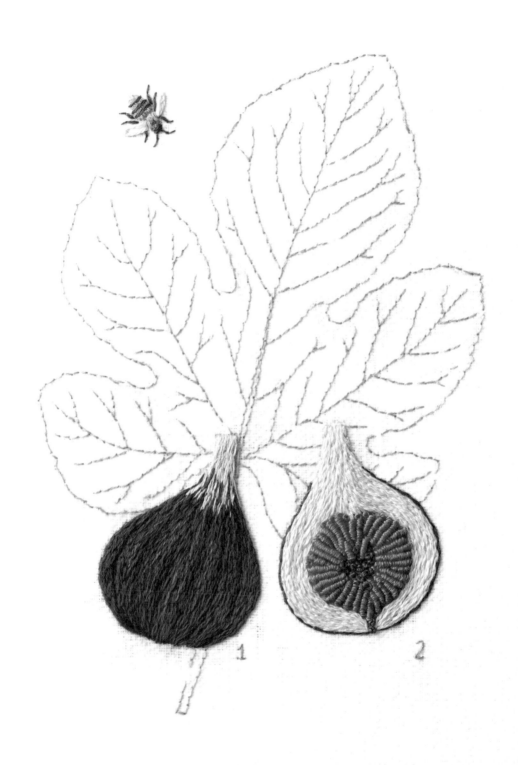

1

2

Fig

>see p.90

2

1

3   4

Juneberry

>see p.91

KITCHEN GARDEN
VISITORS

47

>see p.93

How to make

刺繡建議

＊繡線

本書主要使用DMC繡線。5號繡線＆麻繡線為1股線，可直接使用。25號線則是以6股細線輕撚成1束的繡線，因此需先剪成使用長度（50至60cm最方便使用），再從中一一抽線，並依指定的股數使用（本書無特別指定皆為3股）。

將兩色以上的繡線合併後，同時穿針進行刺繡的動作稱為「混色」；藉由顏色的互相混合，便可有效地增加圖案深度。

本書作品中的釘線繡，為避免釘於上方的線條太過明顯，因此除了特別指定之外，皆取1至3股25號繡線進行作業。另外，5號繡線需取1股同色的25號繡線來釘固，麻繡線則以1股近似色的25號繡線釘固。

＊刺繡針

繡線與刺繡針的配合極為重要。因此請配合繡線的粗細挑選刺繡針，並使用針尖銳利的刺繡針。

5號繡線1股…法國刺繡針No.3至4
25號繡線2至3股…法國刺繡針No.7
25號繡線1股…細縫針
麻繡線1股…法國刺繡針No.7

＊布料

本書作品皆使用100%麻布，並將圖案繡於中央寬30cm、長40cm（約A3尺寸）的長方形內。完工後的處理方法有很多，但若想裝入背板或鑲鉗畫框，便需事先於圖案周邊預留10cm以上的留白空間。

繡布背面必需加貼單膠布襯（中厚），以避免布料拉伸或將背面繡線拉至正面，並使成品更為美觀。

＊圖案

本書所附圖案皆為原寸。請先將圖案轉描至描圖紙上，接著將布用複寫紙（建議使用灰色）、已轉描圖案的描圖紙、玻璃紙，依序疊放於繡布正面，再以手工藝鐵筆將圖案轉描至繡布上。

＊繡框

進行刺繡時，將繡布繃於繡框上便能順利進行作業，繡出的成品也較美觀。小型作品使用圓框，較大型的作品則依尺寸使用文化繡專用的四角形繡框。

＊我的小祕訣　蔬菜刺繡的注意事項

‧蔬菜有許多如果實、葉片等需要填滿整面的情況，果實使用裂線繡、葉片則使用緞面繡等，以不同繡法來改變質感。而以裂線繡來填繡圓形時（p.56或p.76等），建議先在中心繡出輪廓，再以中線分為左右兩半，放射狀地前進刺繡，即可完美收尾。緞面繡則由中心往短邊走針，再依上下、左右順序完成。

‧葉片一般會先繡出葉莖，但葉片中的葉莖＆葉脈則最後再繡上。這樣的繡法才能使葉紋有立體浮現的效果。

‧葉片＆花朵建議由外向內進行刺繡，較好決定角度＆方向。

‧本書圖案＆刺繡方式的頁面雖已盡力使人易懂，但建議還是在刺繡前先看看實物，或從圖鑑書的圖片＆網路圖片事先確認，若能先有整體印象再進行刺繡，將更容易確實表現作品，也較不會在下針時感到迷惘。

‧不同種類的蔬菜各有特色，且根據其養育方式也會造成不同顏色及形狀。也許有的葉片較多，也許產出姿態扭曲的果實形狀……有各種模樣；請懷抱著親手培育般的感情，繡出作品吧！

刺繡針法

平針繡

進行刺繡但不想過於醒目時，可採用平針繡。

回針繡

用於線繡，可完成俐落的線條。繡製曲線時，可將針距縮小。常見應用於刺繡葉柄或莖頂等部位。

輪廓繡

可繡出具有分量感＆質感的線條。有時也會以並排輪廓繡繡作成緞面繡。常見應用於莖部＆根部的刺繡。

釘線繡

因為可以繪出自由的線條，所以也能繡出細體文字。葉莖建議使用5號線表現出強勁的力道。釘線時若能確實壓緊下方繡線，便能形成美麗的線條。

直線繡

雖然直線繡的針腳簡單，但可因使用方法為刺繡帶來生命力。常見應用於細花瓣＆植物細部的刺繡。

裂線繡

裂線繡常以並排縫製構成面繡。若以並排的裂線繡繡滿葉片等寬面積部位，也不會感到沉重。而將針腳稍微放長，即可繡出平坦的紋路。

緞面繡

緞面繡的針腳平坦且具有光澤感，除了非常適合刺繡花瓣，也常見應用於葉片的表現。只要每條繡線的緊度一致，就能繡出漂亮的圖案。

內襯緞面繡

為了使圖案中央鼓起，先重複繡上直線繡＆以其作為內襯，再繡上緞面繡。

飛羽繡

主要用於縫製花萼以包裹花蕾。若延長上方
的固定線，也可以用於表現花莖的模樣。

葉形繡

可同時繡出葉脈的便利繡法。訣竅在
於需以V字形進行刺繡，並在最後構成
葉片形狀。

法國結粒繡
（雙圈形）

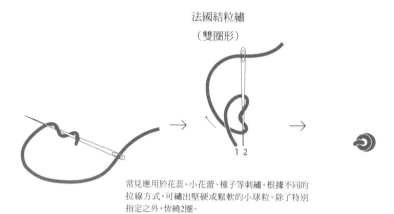

常見應用於花蕊、小花蕾、種子等刺繡。根據不同的
拉線方式，可繡出堅硬或鬆軟的小球粒。除了特別
指定之外，皆繞2圈。

鎖鍊繡

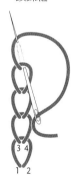

鎖鍊繡為鎖鍊加環繡的基底繡法。只要加
強拉線的力道，鍊圈就會收細，因此可用於
需要表現出分量感的刺繡上。

鎖鍊加環繡

完成鎖鍊繡之後，以針頭挑起鎖鍊繡
的繡線，再繞上新的繡線。

長短針繡

 →

常見應用於大面積的刺繡。需從圖案外側出針、中心入針。

繡至第二層時,自第一層線與線間出針,並注意不可留有縫隙。

雛菊繡

<變化款>

常見應用於小花瓣或花萼等刺繡。有時也會與直線繡或緞面繡組合,以填滿中央的空間。亦可繡成細長狀,藉由拉線鬆緊程度來調整形狀。

毛邊繡

<變化款>

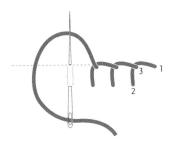 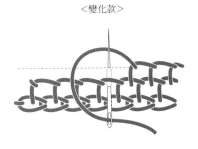

常見應用於貼布繡或邊緣收邊的繡法。可配合圖案改變針腳長度進行刺繡,又被稱為釦眼繡。

繡一排鎖鍊繡之後,將針刺入鍊環當中,挑布進行毛邊繡。下一段則錯開半格來進行刺繡。

捲線繡-A

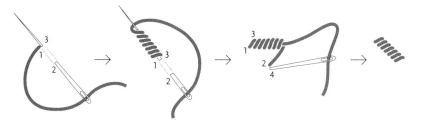

用於表現棒狀圖案的繡法。將線纏繞於針上，
若繞得比挑起的布料（2入‧3出之間）稍長即呈
現直線，若繞更多則呈現曲線狀。

捲線繡-B

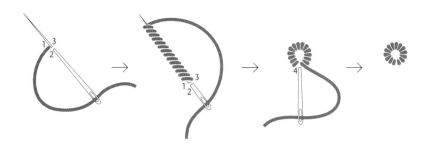

用於表現圓形圖案的繡法。訣竅在於2‧3挑起的布料少
些＆線繞針的次數多一些，即可作出圓形的效果。若繞
得再多一些，則可形成水滴形。

蛛網玫瑰繡
（五分歧）

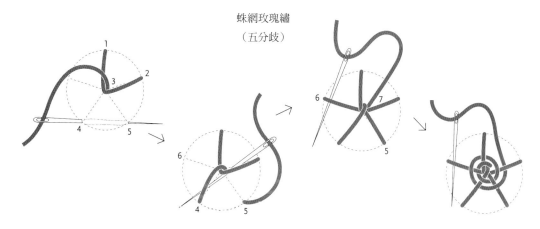

自圓形的中心點穿縫出五條分歧，再自中心處開始拉線纏繞成圈狀。

KITCHEN GARDEN
PLANNING

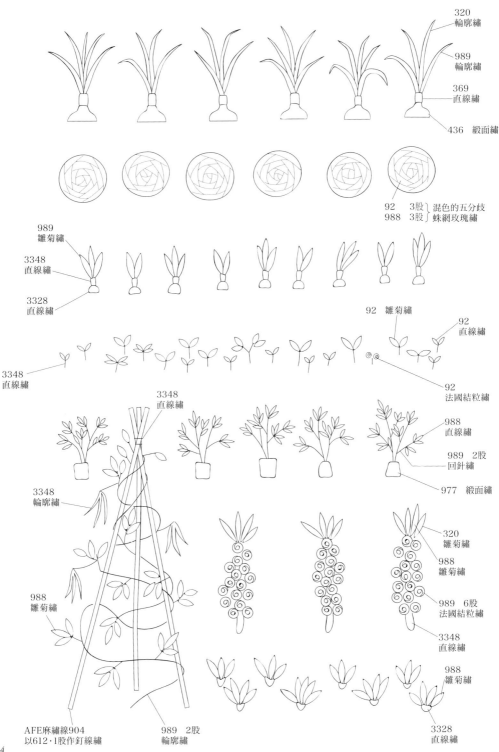

646　2股
直線=直線繡
長曲線=釘線繡
短曲線=輪廓繡

320
輪廓繡

989
輪廓繡

369
直線繡

436　緞面繡

92　　3股 ⎫ 混色的五分歧
988　　3股 ⎰ 蛛網玫瑰繡

989
雛菊繡

3348
直線繡

3328
直線繡

92　雛菊繡

92
直線繡

3348
直線繡

92
法國結粒繡

3348
直線繡

988
直線繡

989　2股
回針繡

977　緞面繡

3348
輪廓繡

320
雛菊繡

988
雛菊繡

989　6股
法國結粒繡

3348
直線繡

988
雛菊繡

988
雛菊繡

3328
直線繡

AFE麻繡線904
以612·1股作釘線繡

989　2股
輪廓繡

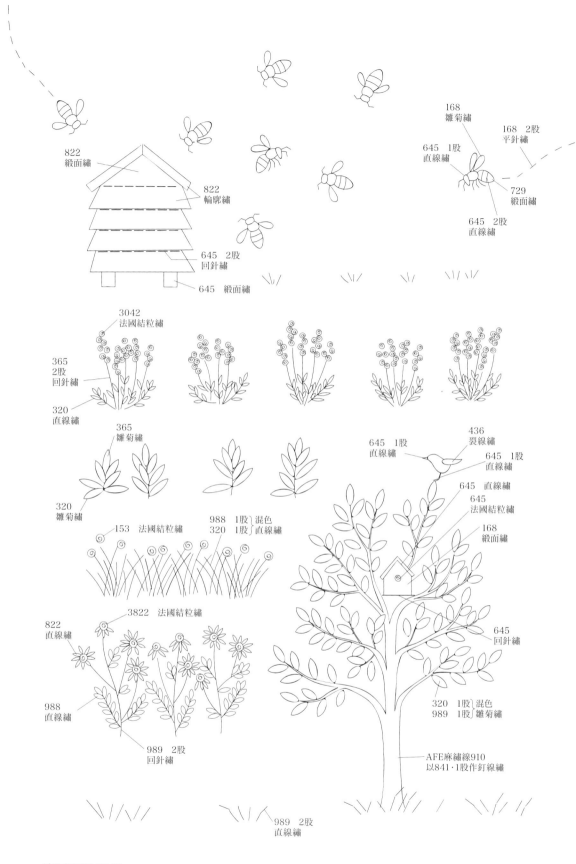

822
緞面繡

822
輪廓繡

645　2股
回針繡

645　緞面繡

168
雛菊繡

168　2股
平針繡

645　1股
直線繡

729
緞面繡

645　2股
直線繡

3042
法國結粒繡

365
2股
回針繡

320
直線繡

365
雛菊繡

320
雛菊繡

436
裂線繡

645　1股
直線繡

645　1股
直線繡

645　直線繡

645
法國結粒繡

168
緞面繡

153　法國結粒繡

988　1股〕混色
320　1股〕直線繡

3822　法國結粒繡

822
直線繡

988
直線繡

989　2股
回針繡

645
回針繡

320　1股〕混色
989　1股〕雛菊繡

AFE麻繡線910
以841·1股作釘線繡

989　2股
直線繡

廚房庭院計畫　page 6-7

〔材料〕DMC繡線25號＝612, 841, 369, 3348, 989, 988, 320, 3822, 729, 436, 977, 3328, 365, 153, 3042, 822, 168, 646, 645, 92（緞染）
AFE麻繡線＝904, 910

分類：茄子科番茄屬 ／ 學名：*Lycopersicon esculentum*
原産地：中南美洲

現今除了各種大小尺寸，也增添了許多不同顏色的選擇。
或甜或酸，各種軟硬度等，一定能找到自己喜歡的品種。

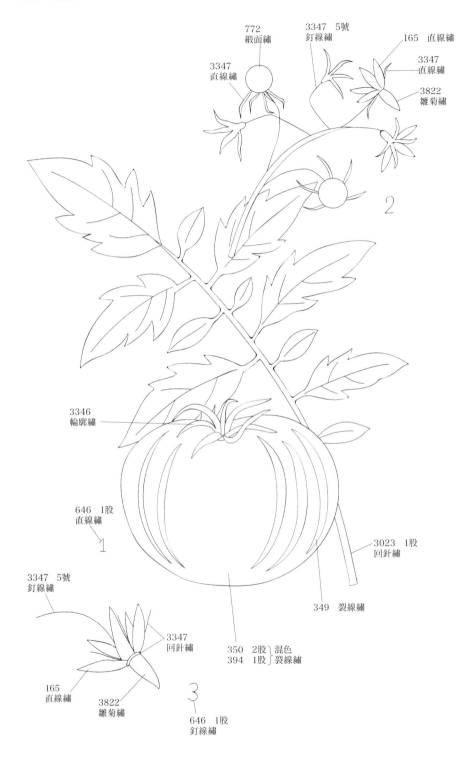

772
緞面繡

3347
直線繡

3347　5號
釘線繡

165　直線繡

3347
直線繡

3822
雛菊繡

2

3346
輪廓繡

646　1股
直線繡

1

3023　1股
回針繡

349　裂線繡

3347　5號
釘線繡

3347
回針繡

350　2股 ⎫ 混色
394　1股 ⎭ 裂線繡

165
直線繡

3822
雛菊繡

3

646　1股
釘線繡

Tomato　646　2股　釘線繡

番茄　page 8

〔材料〕DMC繡線25號＝3347、3346、772、165、3822、350、349、3023、646　5號＝3347

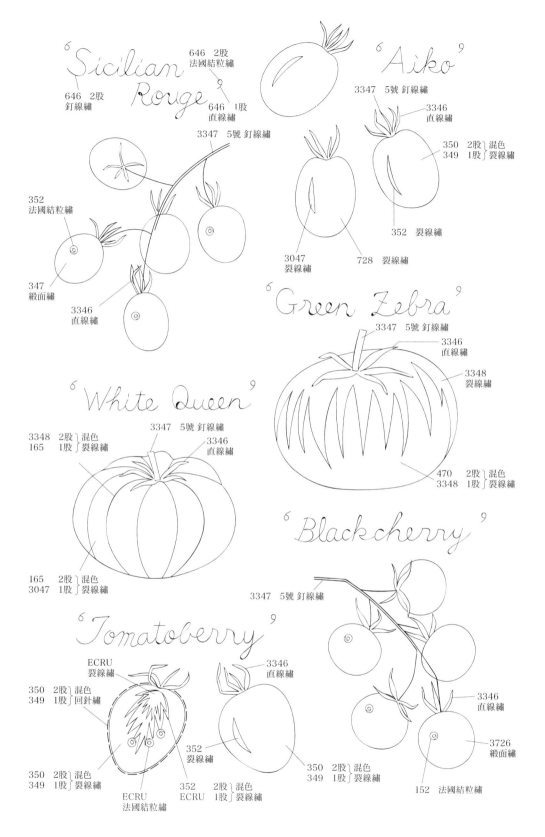

'Sicilian Rouge'

646　2股
法國結粒繡

646　2股
釘線繡

646　1股
直線繡

3347　5號 釘線繡

352
法國結粒繡

347
緞面繡

3346
直線繡

'Aiko'

3347　5號 釘線繡

3346
直線繡

350　2股〕混色
349　1股〕裂線繡

352　裂線繡

3047
裂線繡

728　裂線繡

'Green Zebra'

3347　5號 釘線繡

3346
直線繡

3348
裂線繡

470　2股〕混色
3348　1股〕裂線繡

'White Queen'

3347　5號 釘線繡

3346
直線繡

3348　2股〕混色
165　1股〕裂線繡

165　2股〕混色
3047　1股〕裂線繡

'Blackcherry'

3347　5號 釘線繡

3346
直線繡

3726
緞面繡

152　法國結粒繡

'Tomatoberry'

ECRU
裂線繡

350　2股〕混色
349　1股〕回針繡

3346
直線繡

352
裂線繡

350　2股〕混色
349　1股〕裂線繡

350　2股〕混色
349　1股〕裂線繡

352　2股〕混色
ECRU　1股〕裂線繡

ECRU
法國結粒繡

各種番茄　page 9

〔材 料〕DMC繡線25號＝3347, 3346, 3348, 165, 3047, 728, 350, 349, 347, 352, 3726, ECRU, 646, 470, 152
5號＝3347

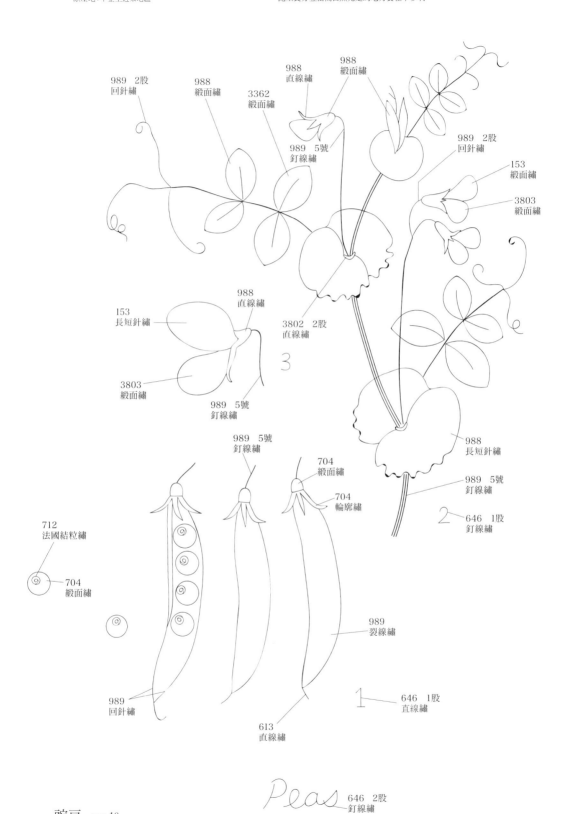

989　2股
回針繡

988
緞面繡

3362
緞面繡

988
直線繡

988
緞面繡

989　5號
釘線繡

989　2股
回針繡

153
緞面繡

3803
緞面繡

988
直線繡

153
長短針繡

3803
緞面繡

989　5號
釘線繡

3802　2股
直線繡

3

989　5號
釘線繡

704
緞面繡

704
輪廓繡

988
長短針繡

989　5號
釘線繡

646　1股
釘線繡

2

712
法國結粒繡

704
緞面繡

989
裂線繡

989
回針繡

613
直線繡

646　1股
直線繡

1

Peas

646　2股
釘線繡

豌豆　page 10

〔材料〕DMC繡線25號＝989, 988, 3362, 704, 153, 3802, 3803, 712, 613, 646　5號＝989

分類：豆科菜豆屬 ／學名：*Phaseolus vulgaris*
原產地：墨西哥南部、中美

培育豆科蔬菜的過程極為有趣。在大片雙子葉的掩護下，藤蔓蜷曲著成長、開出美麗的花朵，並且結出美味的果實。

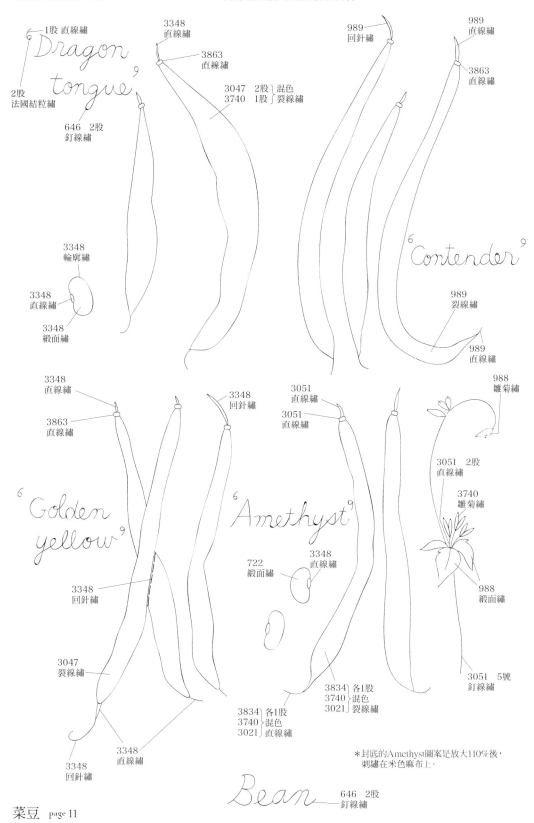

＊封底的Amethyst圖案是放大110％後，刺繡在米色麻布上。

菜豆　page 11

〔材料〕DMC繡線25號＝3051, 989, 988, 3348, 722, 3047, 3863, 3834, 3740, 3021, 646　5號＝3051

分類：十字花科蘿蔔屬 ／ 學名：*Raphanus sativus var. sativus*
原産地：地中海地區

又被稱作「二十天蘿蔔」，是可以為沙拉添加色彩的小蘿蔔。
紅色中略點紫紅的纖細配色非常美麗。

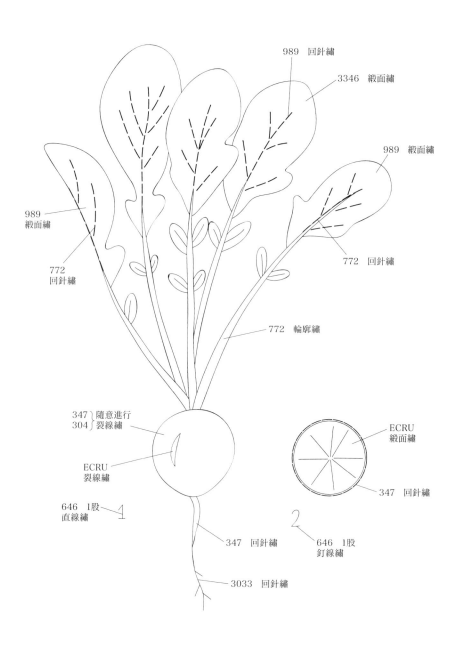

989　回針繡

3346　緞面繡

989　緞面繡

989
緞面繡

772　回針繡

772
回針繡

772　輪廓繡

347 ⎱ 隨意進行
304 ⎰ 裂線繡

ECRU
緞面繡

ECRU
裂線繡

347　回針繡

646　1股
直線繡

1

2

646　1股
釘線繡

347　回針繡

3033　回針繡

646　2股
釘線繡

蘿蔔　page 12

〔材 料〕DMC繡線25號＝772, 989, 3346, 347, 304, ECRU, 3033, 646

分類：繖形科胡蘿蔔屬 ／學名：*Daucus carota*
原産地：阿富汗

這是富含胡蘿蔔素，大家都非常熟悉的橘色根莖類蔬菜。
此外也有黃色或紫色的胡蘿蔔，而紫色胡蘿蔔的芯是橘色的唷！

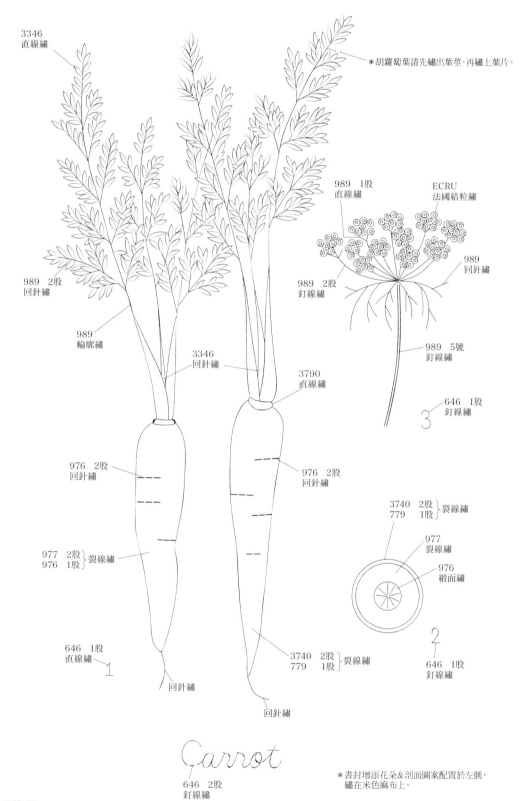

3346
直線繡

＊胡蘿蔔葉請先繡出葉莖，再繡上葉片。

989　1股
直線繡

ECRU
法國結粒繡

989
回針繡

989　2股
回針繡

989　2股
釘線繡

989
輪廓繡

989　5號
釘線繡

3346
回針繡

646　1股
釘線繡

3790
直線繡

976　2股
回針繡

976　2股
回針繡

3740　2股
779　1股 ︎裂線繡

977
裂線繡

976
緞面繡

977　2股
976　1股 ︎裂線繡

646　1股
直線繡

3740　2股
779　1股 ︎裂線繡

回針繡

646　1股
釘線繡

回針繡

Carrot

646　2股
釘線繡

＊書封增添花朵＆剖面圖案配置於左側，
　繡在米色麻布上。

胡蘿蔔　page 13

〔材料〕DMC繡線25號＝989, 3346, 977, 976, 3740, 779, 3790, ECRU, 646　5號＝989

若庭院裡有一棵月桂樹就太方便了！除了可為燉煮料理增添風味之外，
製作花圈時也能大大活躍。若雌雄株皆有，還可以結出果實呢！

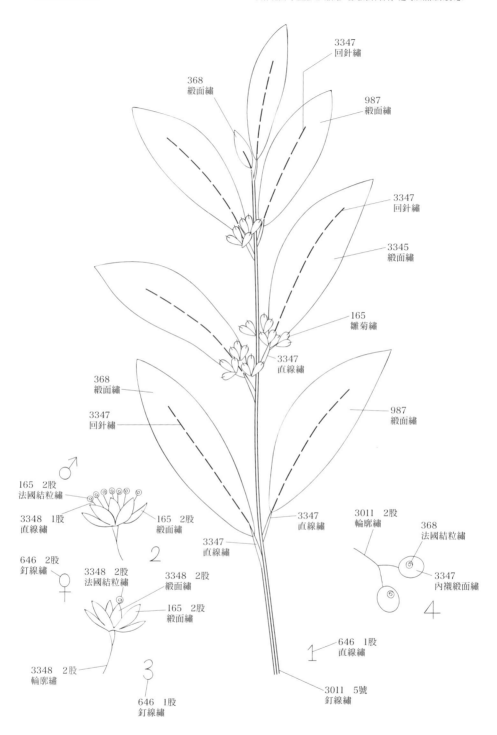

3347
回針繡

368
緞面繡

987
緞面繡

3347
回針繡

3345
緞面繡

165
雛菊繡

3347
直線繡

368
緞面繡

3347
回針繡

987
緞面繡

165　2股
法國結粒繡

3348　1股
直線繡

165　2股
緞面繡

3347
直線繡

3347
直線繡

3011　2股
輪廓繡

368
法國結粒繡

3347
內襯緞面繡

646　2股
釘線繡

3348　2股
法國結粒繡

3348　2股
緞面繡

165　2股
緞面繡

3348　2股
輪廓繡

646　1股
直線繡

646　1股
釘線繡

3011　5號
釘線繡

Laurel

646　2股 釘線繡

月桂　page 14

〔材料〕DMC繡線25號＝3011, 368, 987, 3345, 3347, 3348, 165, 646　5號＝3011

分類：繖形科蒔蘿屬 ／ 學名：*Anethum graveolens*
原産地：地中海沿岸、西亞

非常適合為魚類料理調味的香草。在瑞典，夏天煮馬鈴薯時也會加入蒔蘿。

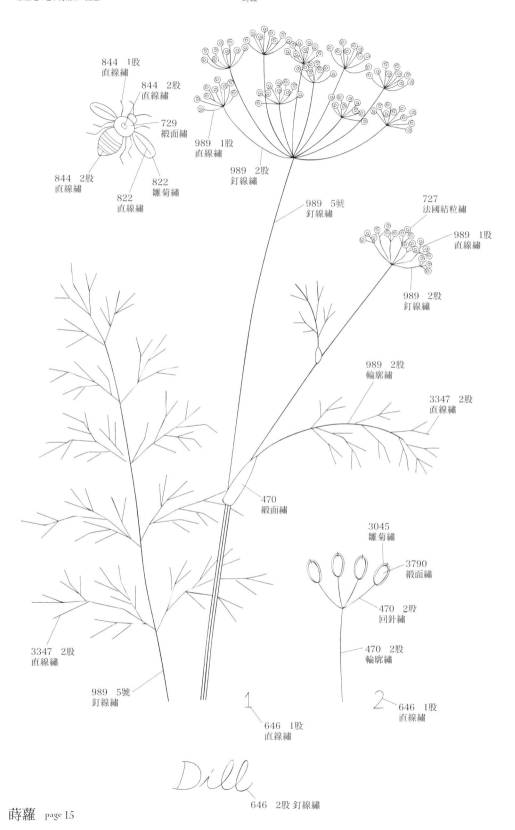

844　1股
直線繡

844　2股
直線繡

729
緞面繡

989　1股
直線繡

989　2股
釘線繡

844　2股
直線繡

822
雛菊繡

822
直線繡

989　5號
釘線繡

727
法國結粒繡

989　1股
直線繡

989　2股
釘線繡

989　2股
輪廓繡

3347　2股
直線繡

470
緞面繡

3045
雛菊繡

3790
緞面繡

470　2股
回針繡

470　2股
輪廓繡

3347　2股
直線繡

989　5號
釘線繡

646　1股
直線繡

646　1股
直線繡

Dill

646　2股 釘線繡

蒔蘿　page 15

〔材料〕DMC繡線25號＝989、3347、470、727、3045、3790、646、729、822、844　　5號＝989

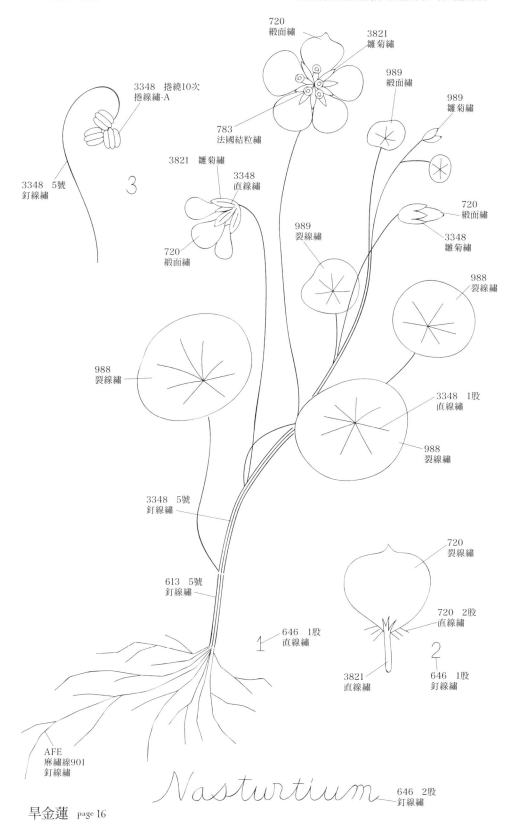

分類：／旱金蓮科旱金蓮屬　／學名：*Tropaeolum majus*
原産地：中南美

既可為廚房庭院增添色彩，亦可作成沙拉享用。
葉片及花朵皆有個性獨特的顏色及形狀，可作為重點裝飾。

720
緞面繡

3821
雛菊繡

989
緞面繡

989
雛菊繡

783
法國結粒繡

3348　捲繞10次
捲線繡-A

3348　5號
釘線繡

3

3821　雛菊繡

3348
直線繡

720
緞面繡

989
裂線繡

720
緞面繡

3348
雛菊繡

988
裂線繡

988
裂線繡

3348　1股
直線繡

988
裂線繡

3348　5號
釘線繡

720
裂線繡

613　5號
釘線繡

720　2股
直線繡

646　1股
直線繡

1

3821
直線繡

646　1股
釘線繡

2

AFE
麻繡線901
釘線繡

旱金蓮　page 16

Nasturtium

646　2股
釘線繡

〔材料〕DMC繡線25號＝3348，989，988，3821，783，720，613，646　5號＝3348，613　AFE麻繡線＝901

分類：唇形科迷迭香屬 ╱ 學名：*Rosmarinus officinalis*
原産地：地中海沿岸

除了為餐點增添香氣之外，走近輕拂就能聞到令人心曠神怡的香氣，可
說是庭院裡不可或缺的香草。

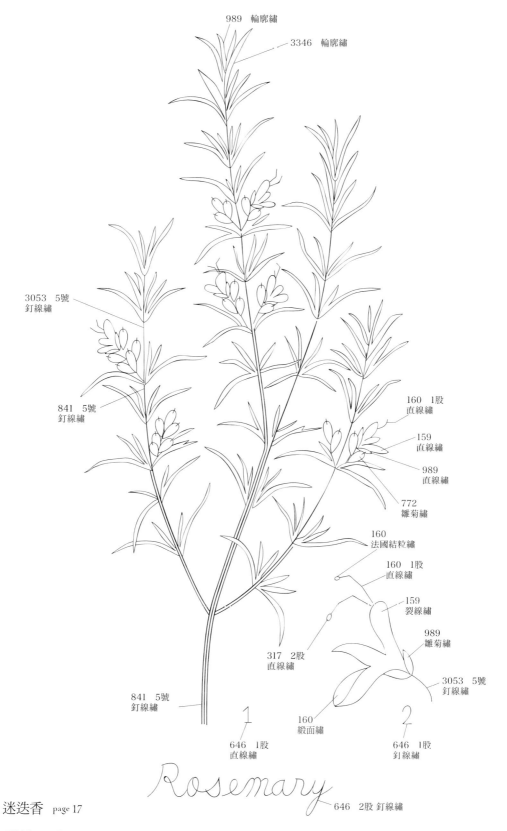

989 輪廓繡

3346 輪廓繡

3053 5號
釘線繡

841 5號
釘線繡

160 1股
直線繡

159
直線繡

989
直線繡

772
雛菊繡

160
法國結粒繡

160 1股
直線繡

159
裂線繡

989
雛菊繡

317 2股
直線繡

3053 5號
釘線繡

841 5號
釘線繡

160
緞面繡

646 1股
直線繡

646 1股
釘線繡

Rosemary

迷迭香 page 17

646 2股 釘線繡

〔材料〕DMC繡線25號－3053, 989, 3346, 772, 159, 160, 317, 646　5號－3053, 841

分類：葫蘆科南瓜屬 ／ 學名：*Cucurbita pepo*
原產地：美國南部、墨西哥北部

又稱夏南瓜。有細長形，也有圓滾形，與橄欖油配合得非常美味。
烹炒的料理方式可提升胡蘿蔔素的吸收率。

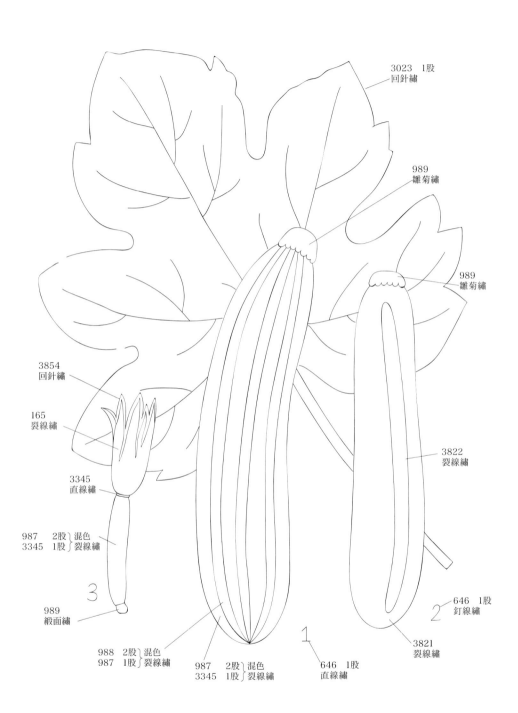

3023　1股
回針繡

989
雛菊繡

989
雛菊繡

3854
回針繡

165
裂線繡

3822
裂線繡

3345
直線繡

987　　2股〕混色
3345　1股〕裂線繡

989
緞面繡

646　1股
釘線繡

3821
裂線繡

988　　2股〕混色
987　　1股〕裂線繡

987　　2股〕混色
3345　1股〕裂線繡

646　1股
直線繡

646　2股　釘線繡

西葫蘆　page 18

〔材 料〕DMC繡線25號＝989, 988, 987, 3345, 165, 3822, 3821, 3854, 3023, 646

分類：錦葵科黃葵屬 ／ 學名：*Abelmoschus esculentus*
原產地：非洲東北部

蔬菜的花朵通常極為樸素，但唯有秋葵的花大而華麗。

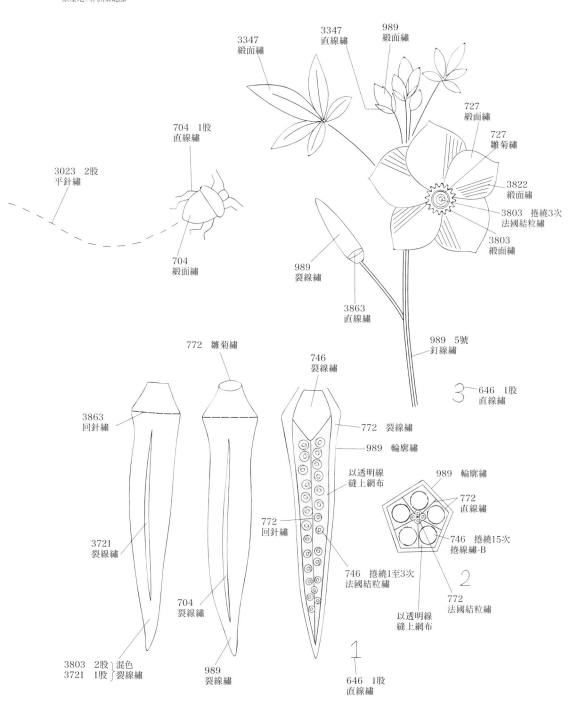

3347
綢面繡

3347
直線繡

989
緞面繡

727
緞面繡

727
雛菊繡

3822
緞面繡

3803　捲繞3次
法國結粒繡

3803
緞面繡

704　1股
直線繡

3023　2股
平針繡

704
緞面繡

989
裂線繡

3863
直線繡

989　5號
釘線繡

646　1股
直線繡

772　雛菊繡

746
裂線繡

3863
回針繡

772　裂線繡

989　輪廓繡

989　輪廓繡

以透明線
縫上網布

772
直線繡

746　捲繞15次
捲線繡-B

3721
裂線繡

772
回針繡

746　捲繞1至3次
法國結粒繡

772
法國結粒繡

704
裂線繡

以透明線
縫上網布

3803　2股 ⎫混色
3721　1股 ⎭裂線繡

989
裂線繡

646　1股
直線繡

Okra

秋葵　page 19

646　2股　釘線繡

〔材料〕DMC繡線25號＝989, 3347, 704, 772, 746, 727, 3822, 3863, 3721, 3803, 3023, 646　5號＝989
別布＝網目較小的網布蕾絲（煙綠色）少許

67

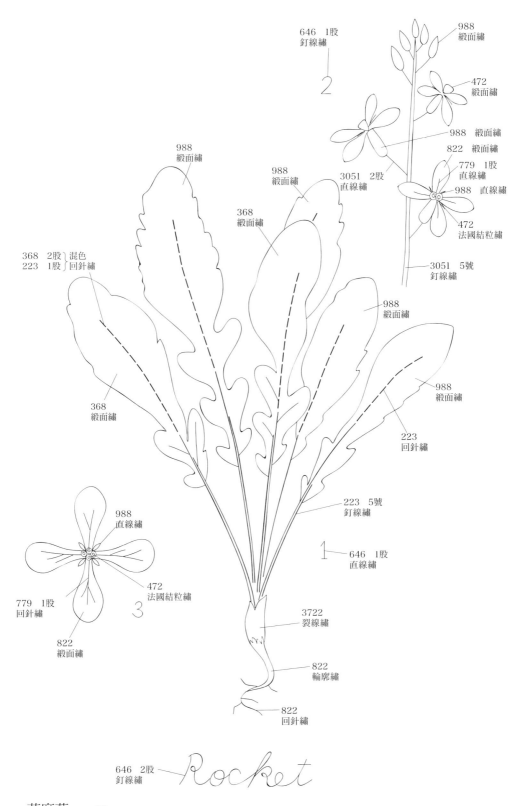

分類：十字花科芝麻菜屬 ／ 學名：*Eruca vesicaria*
原産地：地中海沿岸

芝麻葉的名稱，是取自於具有芝麻香氣＆些微辛辣的葉菜。
由秋季培育至冬季，樹莖就會轉紅。

646　1股
釘線繡

2

988
緞面繡

988
緞面繡

472
緞面繡

988　緞面繡

822　緞面繡

779　1股
直線繡

988　直線繡

472
法國結粒繡

3051　5號
釘線繡

988
緞面繡

988
緞面繡

368
緞面繡

3051　2股
直線繡

368　2股 ⎫混色
223　1股 ⎰回針繡

988
緞面繡

368
緞面繡

223
回針繡

223　5號
釘線繡

1

646　1股
直線繡

988
直線繡

472
法國結粒繡

779　1股
回針繡

3

3722
裂線繡

822
輪廓繡

822
緞面繡

822
回針繡

646　2股
釘線繡

Rocket

芝麻葉　page 20

〔材 料〕DMC繡線25號＝3051, 368, 988, 472, 822, 646, 223, 3722, 779　5號＝3051, 223

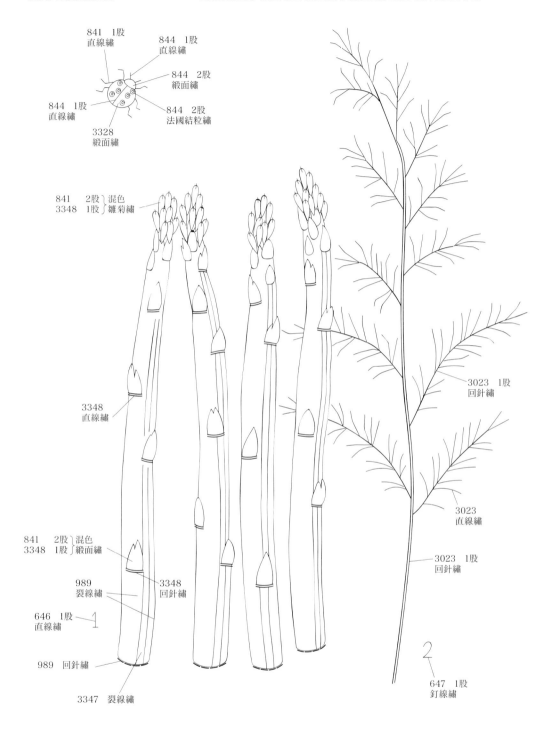

分類：百合科天門冬屬 ／ 學名：*Asparagus*
原産地：南歐至俄羅斯南部

第一次種植蘆筍時，產出不如預期，只得鉛筆一半粗的收成。
因此深刻體會到，若想培育出手指般粗的蘆筍，就得要有好的泥土、肥料，及充足的日曬。

841　1股
直線繡

844　1股
直線繡

844　2股
緞面繡

844　1股
直線繡

844　2股
法國結粒繡

3328
緞面繡

841　2股 ⎫混色
3348　1股 ⎭雛菊繡

3348
直線繡

841　2股 ⎫混色
3348　1股 ⎭緞面繡

989
裂線繡

646　1股
直線繡

3348
回針繡

989　回針繡

3347　裂線繡

3023　1股
回針繡

3023
直線繡

3023　1股
回針繡

647　1股
釘線繡

Asparagus

蘆筍　page 21

647　2股 釘線繡

〔材料〕DMC繡線25號＝989, 3347, 3348, 3328, 3023, 647, 844, 841

MESCLUN

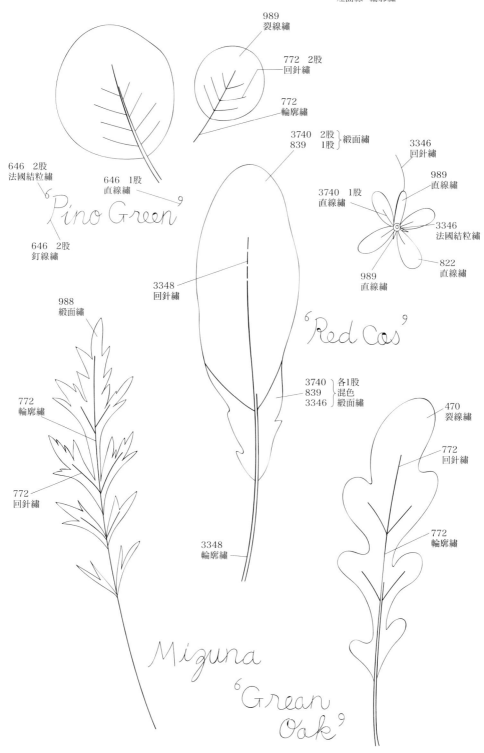

646　2股
直線=直線繡
長曲線=釘線繡
短曲線=輪廓繡

989
裂線繡

772　2股
回針繡

772
輪廓繡

3740　2股
839　1股 ｝緞面繡

3346
回針繡

989
直線繡

3740　1股
直線繡

3346
法國結粒繡

822
直線繡

989
直線繡

'Red Cos'

646　2股
法國結粒繡

'Pino Green'

646　1股
直線繡

646　2股
釘線繡

988
緞面繡

3348
回針繡

772
輪廓繡

3740 ｝各1股
839 ｝混色
3346 ｝緞面繡

470
裂線繡

772
回針繡

772
回針繡

772
輪廓繡

3348
輪廓繡

Mizuna
'Grean Oak'

混合多種顏色&口味各異的嫩葉，作出美味的沙拉吧！也可以取得混種來配合用途，植入箱子就能簡單培養。

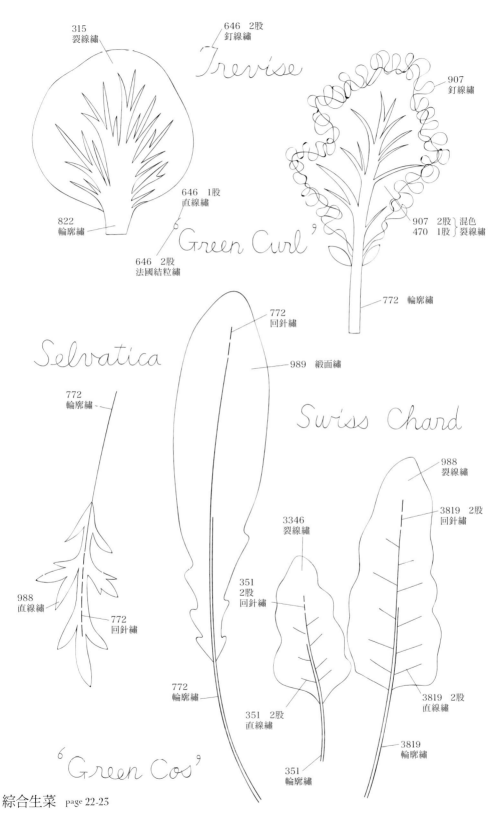

315
裂線繡

646　2股
釘線繡

'Trevise'

907
釘線繡

646　1股
直線繡

822
輪廓繡

'Green Curl'

646　2股
法國結粒繡

907　2股 ⎫混色
470　1股 ⎭裂線繡

772　輪廓繡

772
回針繡

989　緞面繡

Selvatica

772
輪廓繡

Swiss Chard

988
裂線繡

3346
裂線繡

3819　2股
回針繡

988
直線繡

772
回針繡

351
2股
回針繡

351　2股
直線繡

3819　2股
直線繡

772
輪廓繡

351　2股
直線繡

3819
輪廓繡

351
輪廓繡

'Green Cos'

綜合生菜　page 22-25

〔材料〕DMC繡線25號＝772, 907, 470, 989, 988, 3346, 3348, 3819, 351, 315, 3740, 839, 822, 646

71

EDIBLE FLOWER

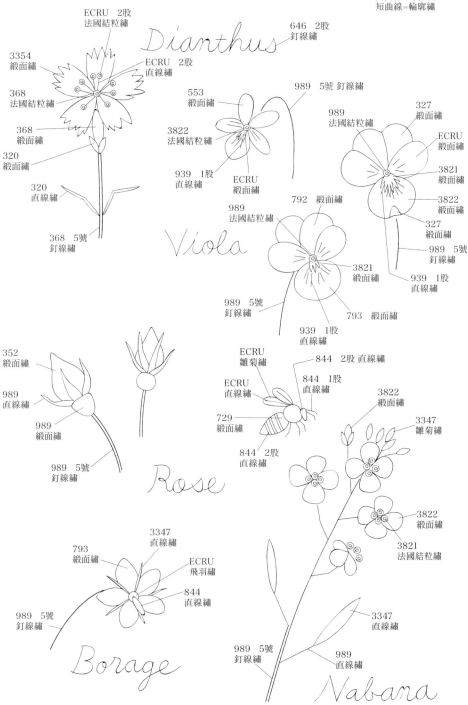

可食用花朵　page 24-25

〔材 料〕DMC繡線25號＝3348, 368, 320, 989, 3347, 3822, 3821, 729, 840, 554, 553, 327, 939, 793, 792, 3354, 3608, 3607, ECRU, 844, 646, 922, 352　5號＝3348, 368, 989

本篇匯集許多可食用的花朵。若加入沙拉中，一定會有令人驚喜的增色效果。
只要經過消毒處理，庭院的花朵也可以加入餐桌料理。但球根類容易引發中毒，必須多加小心。

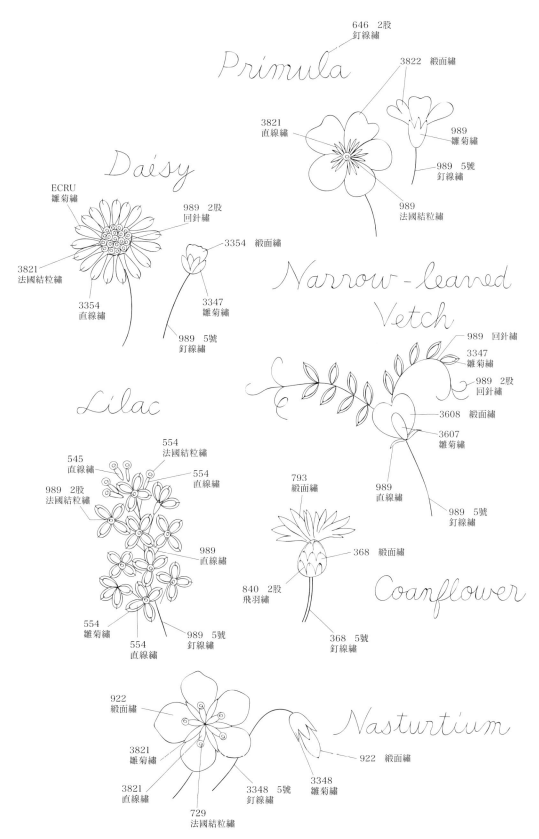

Primula

646　2股
釘線繡

3822　緞面繡

3821
直線繡

989
雛菊繡

989　5號
釘線繡

989
法國結粒繡

Daisy

ECRU
雛菊繡

989　2股
回針繡

3354　緞面繡

3821
法國結粒繡

3354
直線繡

3347
雛菊繡

989　5號
釘線繡

Narrow - leaved
Vetch

989　回針繡

3347
雛菊繡

989　2股
回針繡

3608　緞面繡

3607
雛菊繡

989
直線繡

989　5號
釘線繡

Lilac

554
法國結粒繡

545
直線繡

554
直線繡

989　2股
法國結粒繡

989
直線繡

554
雛菊繡

554
直線繡

989　5號
釘線繡

793
緞面繡

368　緞面繡

840　2股
飛羽繡

368　5號
釘線繡

Coanflower

922
緞面繡

3821
雛菊繡

922　緞面繡

3821
直線繡

729
法國結粒繡

3348　5號
釘線繡

3348
雛菊繡

Nasturtium

73

MY FAVORITE TOOLS

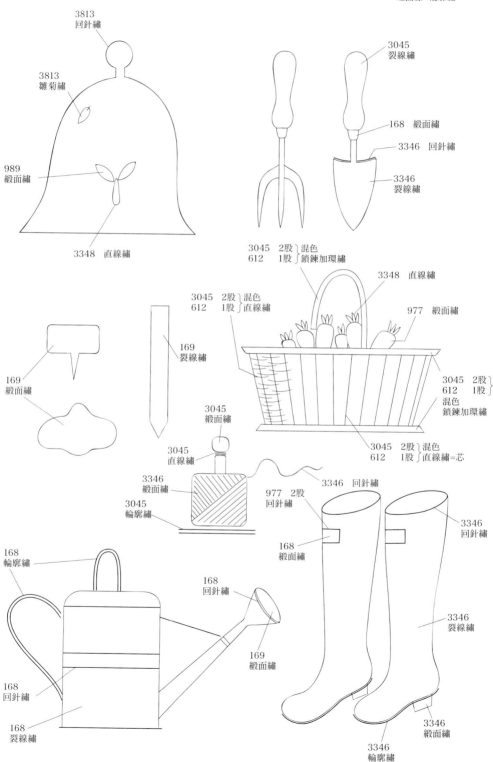

646　2股
直線=直線繡
長曲線=釘線繡
短曲線=輪廓繡

3813
回針繡

3813
雛菊繡

989
緞面繡

3348　直線繡

3045
裂線繡

168　緞面繡

3346　回針繡

3346
裂線繡

3045　2股 } 混色
612　1股 } 鎖鍊加環繡

3348　直線繡

977　緞面繡

3045　2股 } 混色
612　1股 } 直線繡

169
裂線繡

3045　2股 }
612　1股 }
混色
鎖鍊加環繡

169
緞面繡

3045
緞面繡

3045
直線繡

3346
緞面繡

3045
輪廓繡

3045　2股 } 混色
612　1股 } 直線繡=芯

3346　回針繡

977　2股
回針繡

168
緞面繡

3346
回針繡

168
輪廓繡

168
回針繡

168
回針繡

169
緞面繡

168
裂線繡

3346
裂線繡

3346
緞面繡

3346
輪廓繡

74

慢慢地收集喜愛的工具後，庭院工作&農務就更加愉快了！
我個人喜好的是實用性佳，且材質會越用越順手的東西。

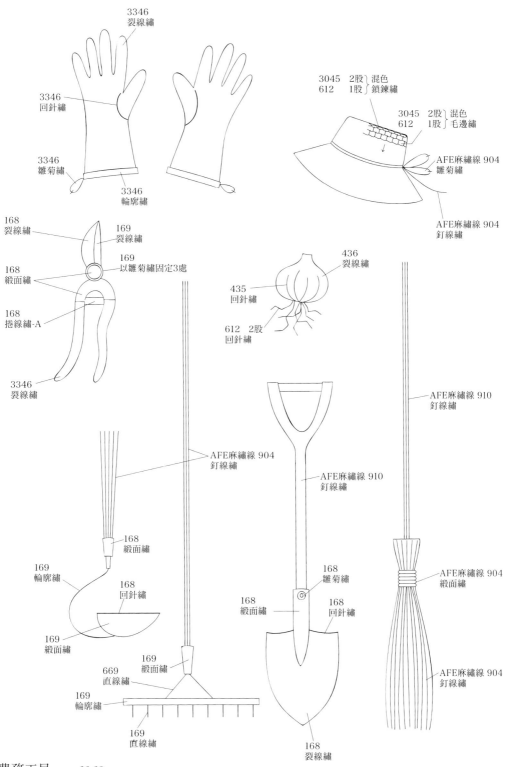

3346
裂線繡

3346
回針繡

3346
雛菊繡

3346
輪廓繡

3045　2股┃混色
612　1股┃鎖鍊繡

3045　2股┃混色
612　1股┃毛邊繡

AFE麻繡線 904
雛菊繡

AFE麻繡線 904
釘線繡

168
裂線繡

169
裂線繡

168
緞面繡

169
以雛菊繡固定3處

168
捲線繡-A

3346
裂線繡

436
裂線繡

435
回針繡

612　2股
回針繡

AFE麻繡線 910
釘線繡

AFE麻繡線 904
釘線繡

AFE麻繡線 910
釘線繡

168
緞面繡

169
輪廓繡

168
回針繡

169
緞面繡

669
直線繡

169
緞面繡

169
輪廓繡

169
直線繡

168
雛菊繡

168
緞面繡

168
回針繡

AFE麻繡線 904
緞面繡

AFE麻繡線 904
釘線繡

168
裂線繡

農務工具　page 28-29

〔材 料〕DMC繡線25號＝612, 3045, 168, 169, 3348, 989, 3346, 3813, 977, 646, 436, 435
AFE麻繡線＝904, 910

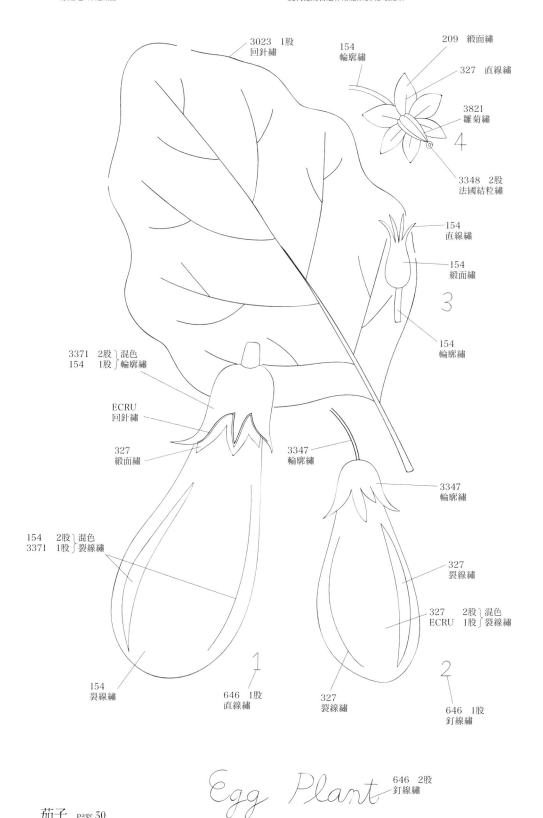

分類：茄科茄屬 ／ 學名：*Solanum melongena*
原產地：印度東部

茄子是非常美麗的蔬菜，但因為找不到相似的紫紅色繡線，
就刺繡而言是非常難以表現的蔬菜。

3023　1股
回針繡

154
輪廓繡

209　緞面繡

327　直線繡

3821
雛菊繡

4

3348　2股
法國結粒繡

154
直線繡

154
緞面繡

3

154
輪廓繡

3371　2股 ｝混色
154　1股 ｝輪廓繡

ECRU
回針繡

327
緞面繡

3347
輪廓繡

3347
輪廓繡

154　2股 ｝混色
3371　1股 ｝裂線繡

327
裂線繡

327　2股 ｝混色
ECRU　1股 ｝裂線繡

154
裂線繡

1

646　1股
直線繡

327
裂線繡

2

646　1股
釘線繡

Egg Plant

646　2股
釘線繡

茄子　page 30

〔材料〕DMC繡線25號＝3347, 3348, 209, 327, 154, 3371, ECRU, 3023, 646, 3821

76

培育辣椒需要有品種相關的知識。有的外表看起來非常普通，但其實很辣喔！

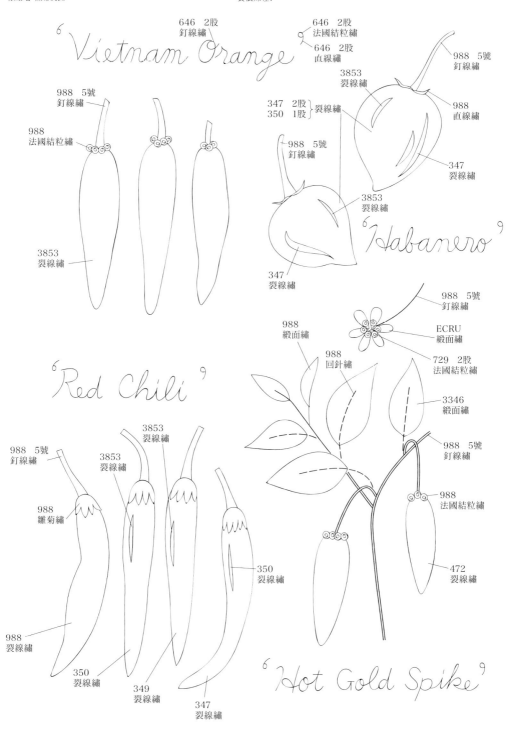

646　2股
釘線繡

646　2股
法國結粒繡

646　2股
直線繡

Vietnam Orange

988　5號
釘線繡

988　5號
釘線繡

3853
裂線繡

347　2股
350　1股　} 裂線繡

988
直線繡

988　5號
釘線繡

988
法國結粒繡

347
裂線繡

3853
裂線繡

'Habanero'

3853
裂線繡

347
裂線繡

988
緞面繡

988　5號
釘線繡

988
回針繡

ECRU
緞面繡

'Red Chili'

729　2股
法國結粒繡

3346
緞面繡

3853
裂線繡

988　5號
釘線繡

3853
裂線繡

988　5號
釘線繡

988
雛菊繡

988
法國結粒繡

350
裂線繡

988
裂線繡

350
裂線繡

472
裂線繡

349
裂線繡

'Hot Gold Spike'

347
裂線繡

Chili Pepper

646　2股
釘線繡

辣椒　page 31

〔材料〕DMC繡線25號＝988, 3346, 472, 729, 3853, 350, 349, 347, ECRU, 646　5號＝988

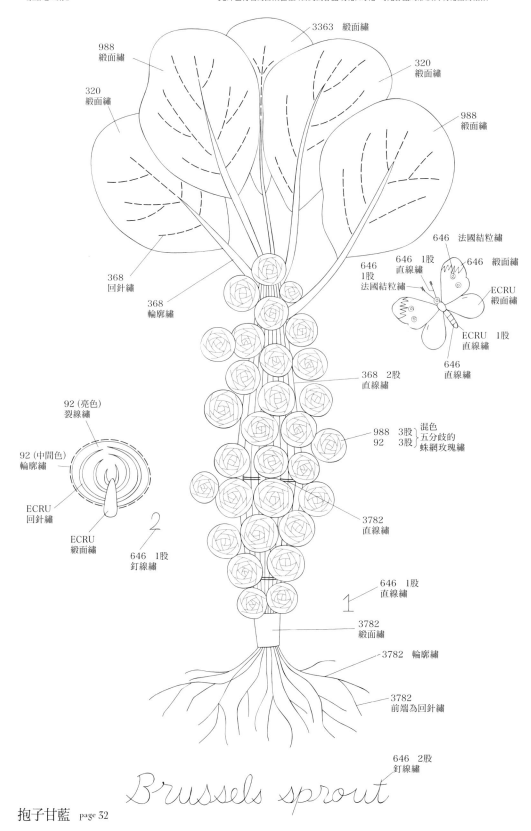

分類：十字花科十字花屬 ／ 學名：*Brassica oleracea*
原產地：歐洲

在葉片下方的主幹上，結出球狀側芽的蔬菜。
此外也有名為百葉薔薇（日文為甘藍玫瑰）的花，可見甘藍的形狀與玫瑰極為相似。

3363　緞面繡

988
緞面繡

320
緞面繡

320
緞面繡

988
緞面繡

646　法國結粒繡

646　1股
直線繡

646　緞面繡

646
1股
法國結粒繡

ECRU
緞面繡

368
回針繡

368
輪廓繡

ECRU　1股
直線繡

646
直線繡

368　2股
直線繡

92（亮色）
裂線繡

988　3股
92　3股

混色
五分歧的
蛛網玫瑰繡

92（中間色）
輪廓繡

ECRU
回針繡

ECRU
緞面繡

646　1股
釘線繡

2

3782
直線繡

646　1股
直線繡

1

3782
緞面繡

3782　輪廓繡

3782
前端為回針繡

646　2股
釘線繡

Brussels sprout

抱子甘藍　page 32

〔材料〕DMC繡線25號＝368, 988, 320, 3363, 3782, ECRU, 646, 92（緞染色）
78
〔重點〕依緞染色線的深淺不同，完成的甘藍顏色也各有妙趣。因此請考量顏色分配後，再進行刺繡。

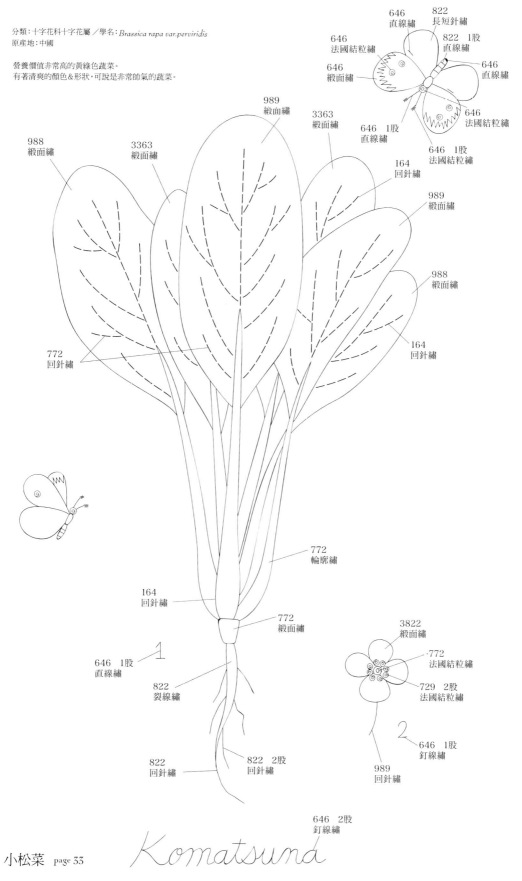

分類：十字花科十字花屬　／學名：*Brassica rapa var.perviridis*
原產地：中國

營養價值非常高的黃綠色蔬菜。
有著清爽的顏色&形狀，可說是非常帥氣的蔬菜。

646
直線繡

822
長短針繡

646
法國結粒繡

822　1股
直線繡

646
緞面繡

646
直線繡

989
緞面繡

3363
緞面繡

646　1股
直線繡

646
法國結粒繡

646　1股
法國結粒繡

988
緞面繡

3363
緞面繡

164
回針繡

989
緞面繡

988
緞面繡

772
回針繡

164
回針繡

772
輪廓繡

164
回針繡

772
緞面繡

3822
緞面繡

772
法國結粒繡

729　2股
法國結粒繡

646　1股
直線繡

1

822
裂線繡

2

646　1股
釘線繡

822
回針繡

822　2股
回針繡

989
回針繡

646　2股
釘線繡

小松菜　page 33　*Komatsuna*

〔材 料〕DMC繡線25號＝772、164、989、988、3363、822、3822、729、646

分類：葫蘆科南瓜屬／學名：Cucurbita moschata
原産地：中美洲、南美洲

具有大量胡蘿蔔素＆維他命類，能夠提高免疫力。大多數蔬菜都是越新鮮越好吃，營養價值也較高，但南瓜稍微放一下才會更美味唷！

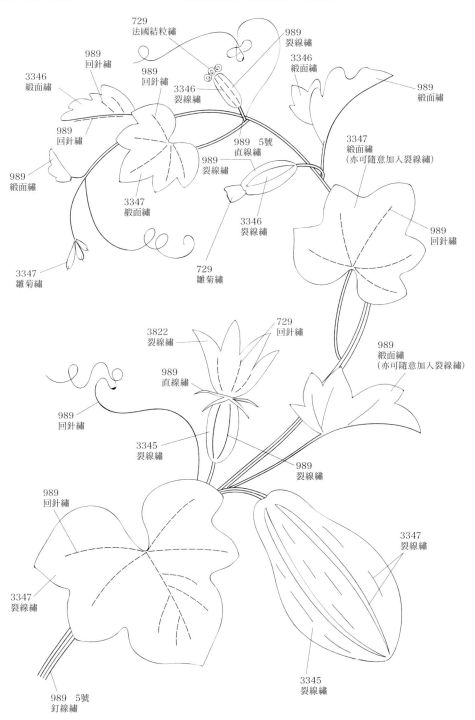

729
法國結粒繡

989
裂線繡

989
回針繡

3346
緞面繡

989
回針繡

3346
緞面繡

989
緞面繡

3346
緞面繡

989
回針繡

3346
裂線繡

989
緞面繡

989 5號
直線繡

3347
緞面繡
（亦可隨意加入裂線繡）

989
裂線繡

989
緞面繡

3347
緞面繡

3346
裂線繡

989
回針繡

3347
雛菊繡

729
雛菊繡

3822
裂線繡

729
回針繡

989
直線繡

989
緞面繡
（亦可隨意加入裂線繡）

989
回針繡

3345
裂線繡

989
裂線繡

989
回針繡

3347
裂線繡

3347
裂線繡

3345
裂線繡

989 5號
釘線繡

646 2股
釘線繡

Pumpkin and Squash

南瓜　page 34

〔材料〕DMC繡線25號＝989, 3347, 3346, 3345, 3822, 729, 646　5號＝989

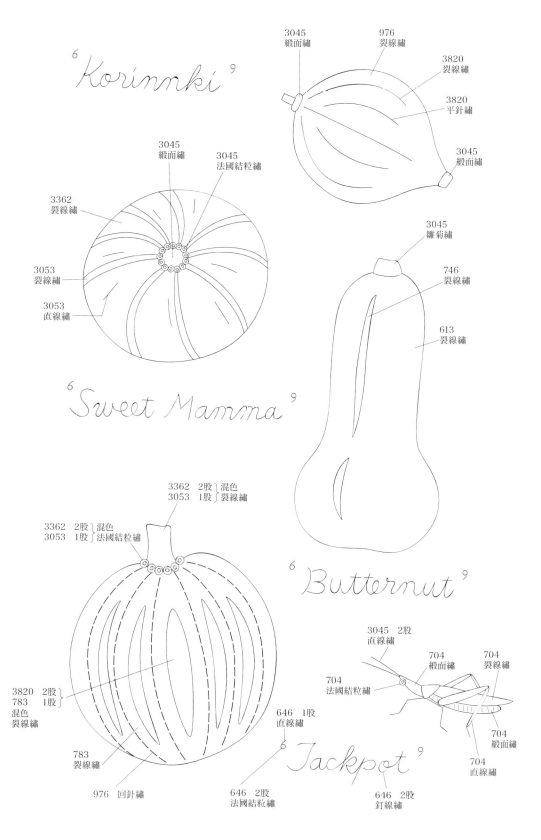

'Korinnki'

3045
綴面繡

3045
法國結粒繡

3362
裂線繡

3053
裂線繡

3053
直線繡

'Sweet Mamma'

3045
綴面繡

976
裂線繡

3820
裂線繡

3820
平針繡

3045
綴面繡

3045
雛菊繡

746
裂線繡

613
裂線繡

3362　2股 ┐混色
3053　1股 ┘裂線繡

3362　2股 ┐混色
3053　1股 ┘法國結粒繡

'Butternut'

3820　2股 ┐
783　1股 ┘
混色
裂線繡

783
裂線繡

976　回針繡

646　1股
直線繡

646　2股
法國結粒繡

3045　2股
直線繡

704
綴面繡

704
法國結粒繡

704
裂線繡

704
綴面繡

704
直線繡

'Jackpot'

646　2股
釘線繡

646　2股
釘線繡

各種南瓜　page 55

〔材料〕DMC繡線25號＝3053, 3362, 746, 613, 3820, 783, 976, 3045, 646, 704

分類：茄科茄屬 ／ 學名：Solanum tuberosum
原産地：南美洲

富含維他命，被稱為「大地的蘋果」。目前流通的品種已增加許多，因此可配
合料理種類擇優挑選。

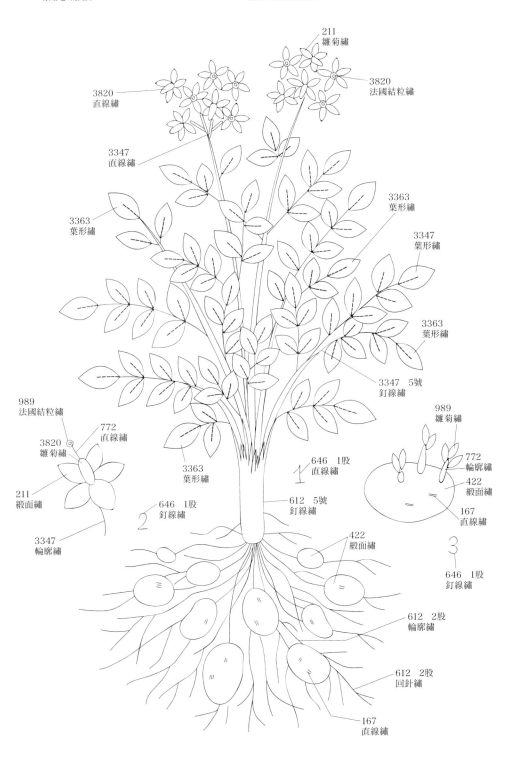

211
雛菊繡

3820
法國結粒繡

3820
直線繡

3347
直線繡

3363
葉形繡

3347
葉形繡

3363
葉形繡

3363
葉形繡

989
法國結粒繡

772
直線繡

3820
雛菊繡

211
緞面繡

3347
輪廓繡

3347　5號
釘線繡

989
雛菊繡

772
輪廓繡

422
緞面繡

167
直線繡

3363
葉形繡

646　1股
直線繡

646　1股
釘線繡

612　5號
釘線繡

422
緞面繡

646　1股
釘線繡

612　2股
輪廓繡

612　2股
回針繡

167
直線繡

Potato

馬鈴薯 page 36

646　2股 釘線繡

〔材料〕DMC繡線25號＝989, 3347, 3363, 772, 3820, 422, 612, 167, 211, 646　5號＝3347, 612

分類：百合科蔥屬 ／ 學名：*Allium cepa*
原產地：中亞洲

常用蔬菜的一種。每每看著它掛在乾枯的葉片下，就不禁想像起其堅強豐富的生命歷程。

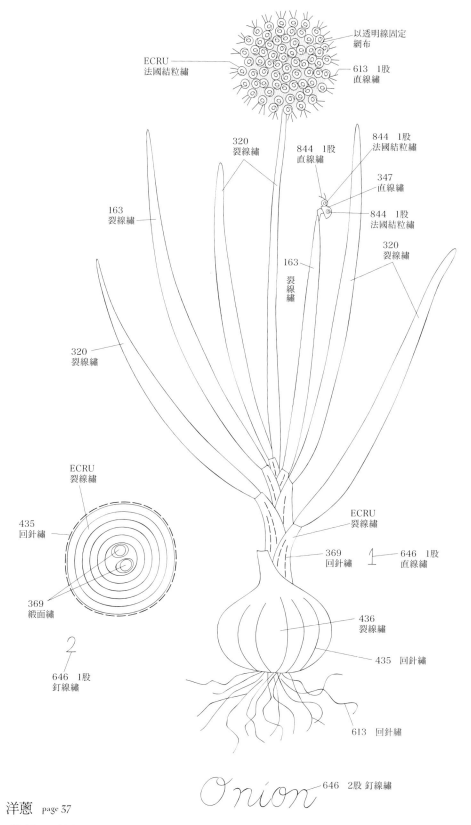

以透明線固定
網布

ECRU
法國結粒繡

613　1股
直線繡

320
裂線繡

844　1股
直線繡

844　1股
法國結粒繡

347
直線繡

844　1股
法國結粒繡

163
裂線繡

163
裂線繡

320
裂線繡

320
裂線繡

ECRU
裂線繡

435
回針繡

ECRU
裂線繡

369
回針繡

646　1股
直線繡

369
緞面繡

436
裂線繡

435　回針繡

646　1股
釘線繡

613　回針繡

Onion

646　2股 釘線繡

洋蔥　page 57

〔材料〕DMC繡線25號＝369, 320, 163, ECRU, 613, 436, 435, 347, 646, 844　別布＝AFE網布（綠色）少許

85

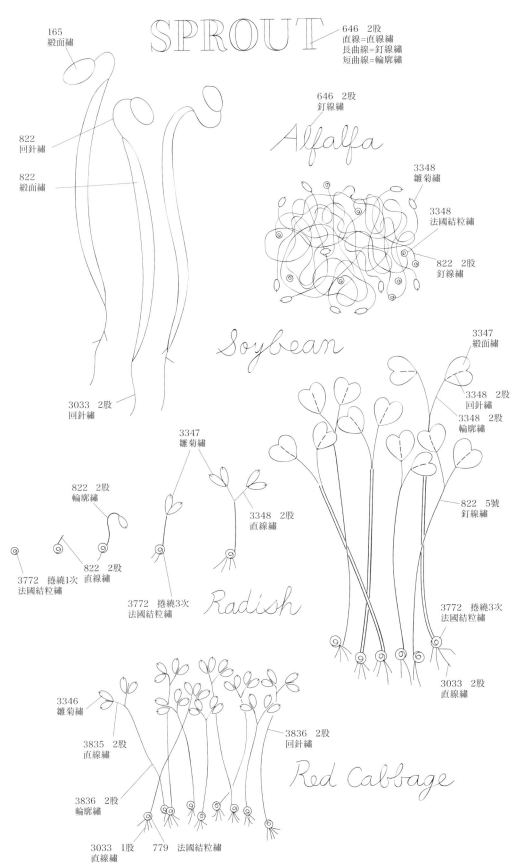

SPROUT

165
緞面繡

646　2股
直線＝直線繡
長曲線＝釘線繡
短曲線＝輪廓繡

646　2股
釘線繡

Alfalfa

822
回針繡

822
緞面繡

3348
雛菊繡

3348
法國結粒繡

822　2股
釘線繡

3347
緞面繡

3033　2股
回針繡

Soybean

3347
雛菊繡

3348　2股
回針繡

3348　2股
輪廓繡

822　2股
輪廓繡

3348　2股
直線繡

822　5號
釘線繡

822　2股
直線繡

3772　捲繞1次
法國結粒繡

3772　捲繞3次
法國結粒繡

Radish

3772　捲繞3次
法國結粒繡

3033　2股
直線繡

3346
雛菊繡

3836　2股
回針繡

3835　2股
直線繡

Red Cabbage

3836　2股
輪廓繡

3033　1股　779　法國結粒繡
直線繡

芽菜是指植物的嫩芽。由於植物發芽時會產生特別的成分，營養價值比成熟的蔬菜還高，因此廣受矚目。現在蔬菜賣場也可以找到很多種類。將豆苗剪斷之後，放在足夠日曬的窗邊培育，還能再收成一次。

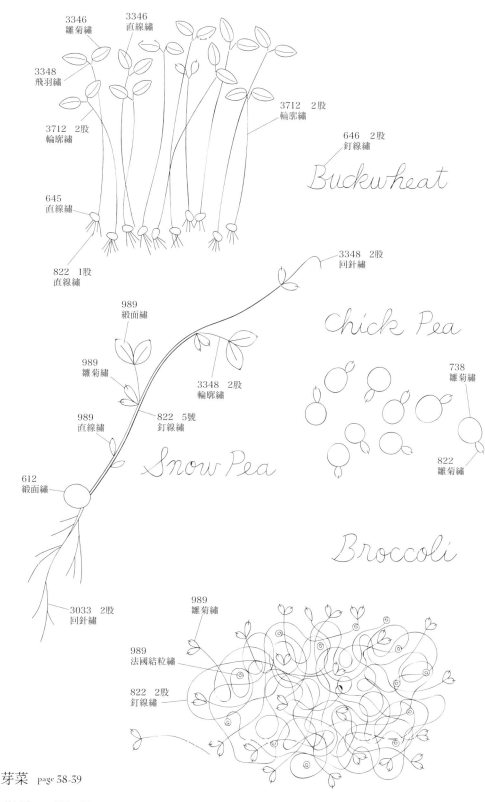

3346
雛菊繡

3346
直線繡

3348
飛羽繡

3712　2股
輪廓繡

3712　2股
輪廓繡

646　2股
釘線繡

Buckwheat

645
直線繡

822　1股
直線繡

3348　2股
回針繡

989
緞面繡

Chick Pea

989
雛菊繡

3348　2股
輪廓繡

738
雛菊繡

989
直線繡

822　5號
釘線繡

822
雛菊繡

612
緞面繡

Snow Pea

Broccoli

3033　2股
回針繡

989
雛菊繡

989
法國結粒繡

822　2股
釘線繡

芽菜　page 58-59

〔材料〕DMC繡線25號＝3348, 989, 3347, 3346, 165, 822, 3033, 738, 612, 3772, 779, 3836, 3835, 3712, 646, 645　5號＝822

分類：百合科蔥屬 ／ 學名：*Allium schoenoprasum*
原産地：歐洲・北亞

又被稱為西洋蔥・味道嘗起來比一般的細蔥更為纖細。
有時也會用來作為廚房庭院中的鑲邊造景。

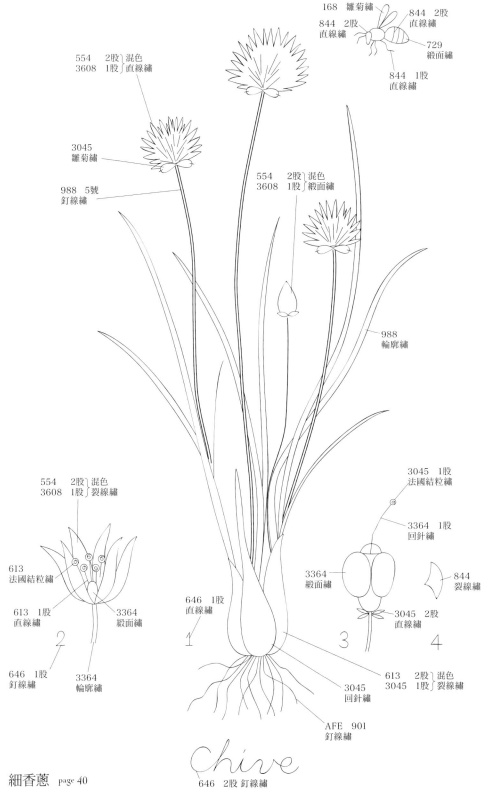

168 雛菊繡
844 2股 直線繡
844 2股 直線繡
729 緞面繡
844 1股 直線繡

554 2股 混色
3608 1股 直線繡

3045 雛菊繡

554 2股 混色
3608 1股 緞面繡

988 5號 釘線繡

988 輪廓繡

554 2股 混色
3608 1股 裂線繡

3045 1股 法國結粒繡

3364 1股 回針繡

613 法國結粒繡

3364 緞面繡

844 裂線繡

646 1股 直線繡

613 1股 直線繡

3364 緞面繡

3045 2股 直線繡

646 1股 釘線繡

3364 輪廓繡

613 2股 混色
3045 1股 裂線繡

3045 回針繡

AFE 901 釘線繡

Chive

細香蔥 page 40

646 2股 釘線繡

〔材 料〕DMC繡線25號＝988、3364、3608、554、613、3045、729、168、646、844　5號＝988
AFE麻繡線＝901

分類：菊科萬壽菊屬 ／ 學名：*Tagetes patula*
原產地：墨西哥

這是廚房庭院中不可或缺的共生植物，
可驅除害蟲類的線蟲。

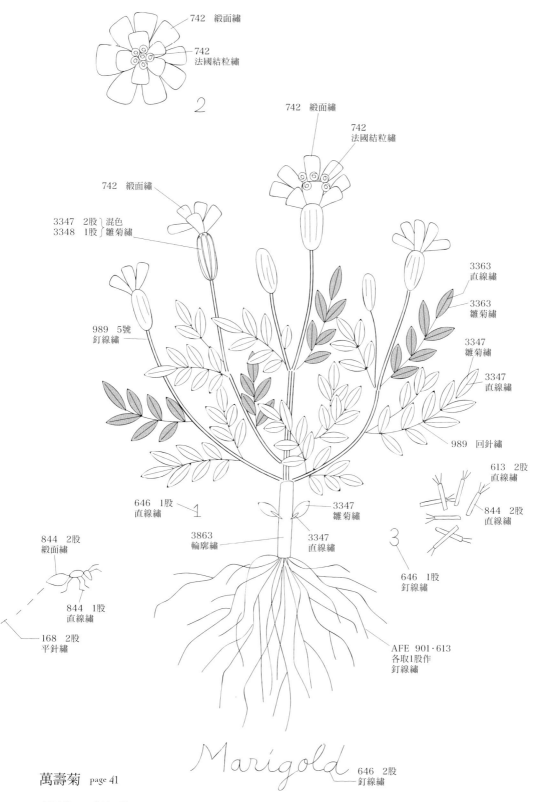

742　緞面繡

742
法國結粒繡

2

742　緞面繡

742
法國結粒繡

742　緞面繡

3347　2股 ⎫混色
3348　1股 ⎭雛菊繡

3363
直線繡

3363
雛菊繡

3347
雛菊繡

3347
直線繡

989　5號
釘線繡

989　回針繡

613　2股
直線繡

844　2股
直線繡

646　1股
直線繡

1

3347
雛菊繡

3

3863
輪廓繡

3347
直線繡

844　2股
緞面繡

844　1股
直線繡

168　2股
平針繡

646　1股
釘線繡

AFE　901・613
各取1股作
釘線繡

Marigold

萬壽菊　page 41

646　2股
釘線繡

〔材料〕DMC繡線25號＝989，3363，3347，3348，3863，613，742，168，646，844　5號＝989
AFE麻繡線＝901

分類：繖形科歐芹屬 ／ 學名：*Petroselium crispum*
原産地：地中海沿岸

除了為餐點增添色彩與香氣之外，也是營養價值非常高的蔬菜。
而隨著季節更迭，也可能成為黃鳳蝶的美味餐桌。

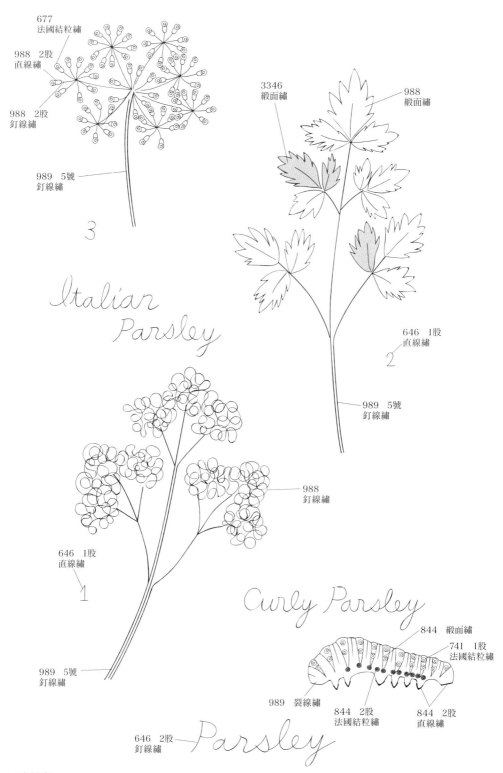

677
法國結粒繡

988 2股
直線繡

988 2股
釘線繡

989 5號
釘線繡

3

Italian Parsley

3346
緞面繡

988
緞面繡

646 1股
直線繡

2

989 5號
釘線繡

988
釘線繡

646 1股
直線繡

1

989 5號
釘線繡

Curly Parsley

844 緞面繡

741 1股
法國結粒繡

989 裂線繡

844 2股
法國結粒繡

844 2股
直線繡

646 2股
釘線繡

Parsley

洋芫荽 page 42

〔材料〕DMC繡線25號＝989, 988, 3346, 677, 741, 646, 844　5號＝989

分類：唇形科鼠尾草屬 ／ 學名：*Salvia officinalis*
原產地：地中海沿岸、北非

鼠尾草有許多同屬的植物，可食用的品種多半用於與肉類餐點搭配。

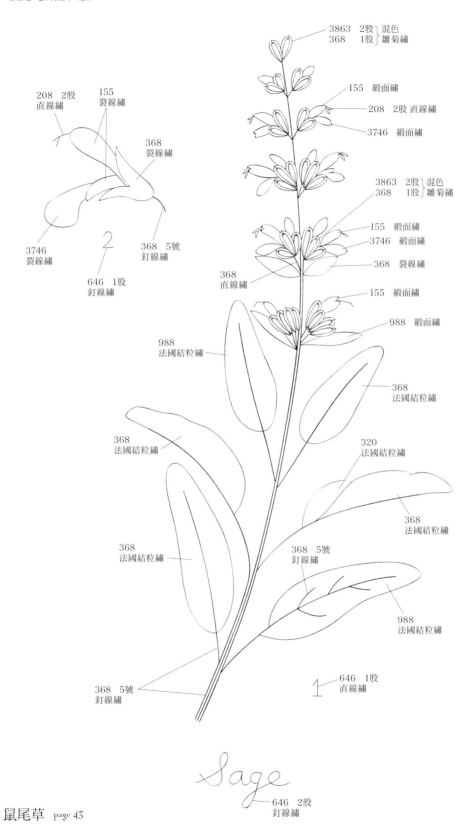

3863　2股 ｝混色
368　　1股 ｝雛菊繡

155　緞面繡

208　2股 直線繡

3746　緞面繡

208　2股
直線繡

155
裂線繡

368
裂線繡

3863　2股 ｝混色
368　　1股 ｝雛菊繡

155　緞面繡

3746　緞面繡

368　裂線繡

368　5號
釘線繡

368
直線繡

155　緞面繡

988　緞面繡

3746
裂線繡

646　1股
釘線繡

988
法國結粒繡

368
法國結粒繡

368
法國結粒繡

320
法國結粒繡

368
法國結粒繡

368
法國結粒繡

368　5號
釘線繡

988
法國結粒繡

368　5號
釘線繡

646　1股
直線繡

Sage

646　2股
釘線繡

鼠尾草　page 43

〔材 料〕DMC繡線25號＝368，988，320，155，3746，208，3863，646　5號＝368

分類：桑科無花果屬 ／ 學名：*Ficus carica*
原産地：阿拉伯半島

若庭院還算寬敞，真想種一棵無花果樹！除了能夠結出纖細的果實，
葉片還會散發著無花果特有的香氣。

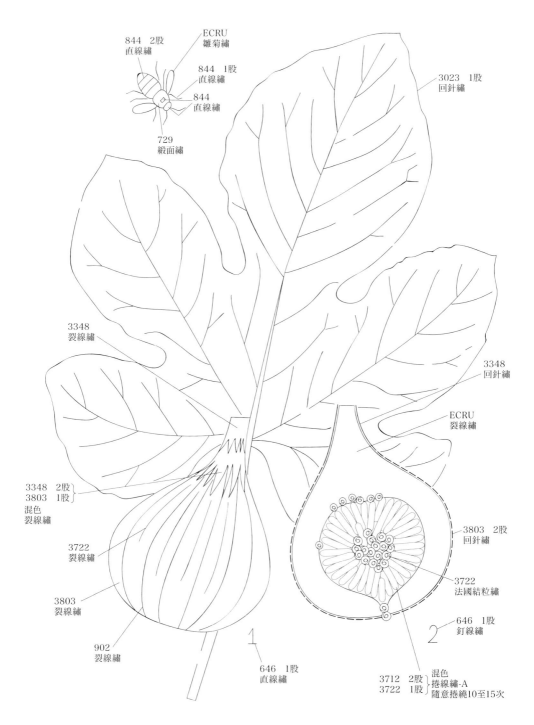

844 2股
直線繡

ECRU
雛菊繡

844 1股
直線繡

844
直線繡

729
緞面繡

3023 1股
回針繡

3348
裂線繡

3348
回針繡

ECRU
裂線繡

3348 2股
3803 1股
混色
裂線繡

3722
裂線繡

3803
裂線繡

902
裂線繡

646 1股
直線繡

3803 2股
回針繡

3722
法國結粒繡

646 1股
釘線繡

3712 2股
3722 1股
混色
捲線繡-A
隨意捲繞10至15次

Fig

646 2股 釘線繡

無花果 page 44

〔材 料〕DMC繡線25號＝3348, 3712, 3722, 3803, 902, 729, ECRU, 3023, 646, 844

分類：薔薇科唐棣屬 ／ 學名：*Amelanchier canadensis*
原産地：北非

在早春時節開花，六月結出沉穩色調的紅色果實，秋天則能觀賞紅葉。修剪上也非常輕鬆，是很推薦種植的果樹。

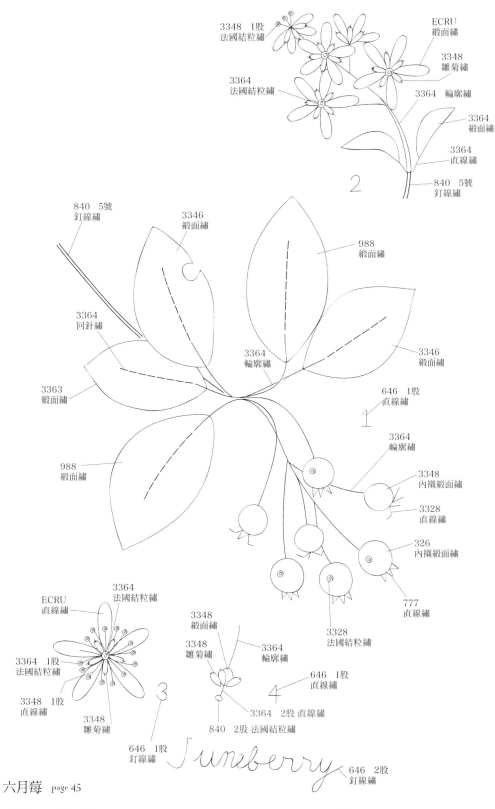

3348　1股
法國結粒繡

ECRU
緞面繡

3348
雛菊繡

3364　輪廓繡

3364
法國結粒繡

3364
緞面繡

3364
直線繡

840　5號
釘線繡

2

840　5號
釘線繡

3346
緞面繡

988
緞面繡

3364
回針繡

3364
輪廓繡

3346
緞面繡

3363
緞面繡

646　1股
直線繡

1

3364
輪廓繡

3348
內襯緞面繡

3328
直線繡

988
緞面繡

326
內襯緞面繡

777
直線繡

3328
法國結粒繡

3364
法國結粒繡

ECRU
直線繡

3364
法國結粒繡

3348
緞面繡

3348
雛菊繡

3364
輪廓繡

3364　1股
法國結粒繡

646　1股
直線繡

3348　1股
直線繡

3

4

3364　2股　直線繡

3348
雛菊繡

840　2股　法國結粒繡

646　1股
釘線繡

Juneberry

646　2股
釘線繡

六月莓　page 45

〔材 料〕DMC繡線25號＝3348, 3364, 988, 3346, 3363, 3328, 326, 777, ECRU, 840, 646　5號線＝840

KITCHEN GARDEN VISITORS

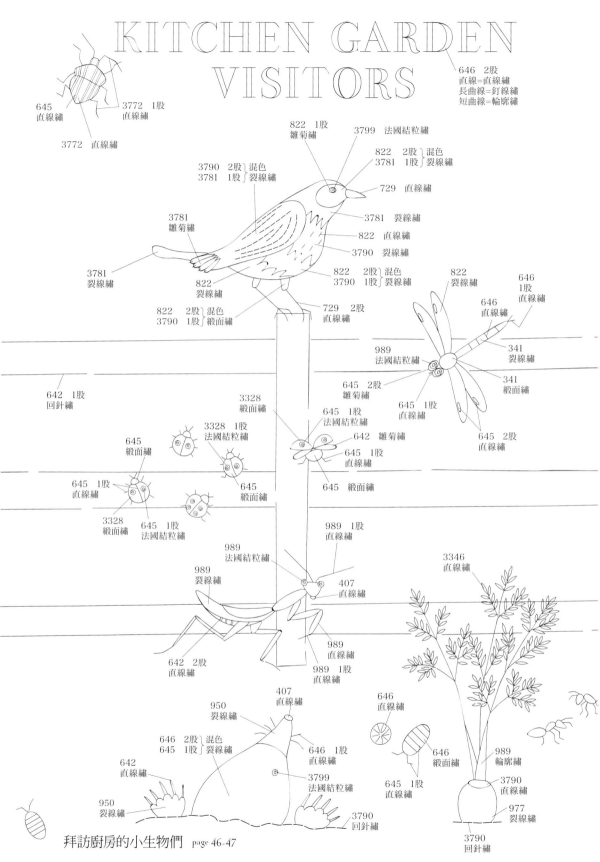

645
直線繡

3772　1股
直線繡

3772　直線繡

646　2股
直線=直線繡
長曲線=釘線繡
短曲線=輪廓繡

822　1股
雛菊繡

3799　法國結粒繡

822　2股
3781　1股
混色
裂線繡

729　直線繡

3790　2股
3781　1股
混色
裂線繡

3781
雛菊繡

3781　裂線繡

822　直線繡

3790　裂線繡

3781
裂線繡

822
裂線繡

822　2股
3790　1股
混色
裂線繡

822
裂線繡

646
直線繡

646　1股
直線繡

729　2股
直線繡

989
法國結粒繡

341
裂線繡

822　2股
3790　1股
混色
緞面繡

645　2股
雛菊繡

341
緞面繡

645　1股
直線繡

642　1股
回針繡

3328
緞面繡

645　1股
法國結粒繡

642　雛菊繡

645　1股
直線繡

645　2股
直線繡

3328　1股
法國結粒繡

645
緞面繡

645
緞面繡

645
緞面繡

645　1股
直線繡

3328
緞面繡

645　1股
法國結粒繡

989　1股
直線繡

989
法國結粒繡

3346
直線繡

989
裂線繡

407
直線繡

989
直線繡

642　2股
直線繡

989　1股
直線繡

407
直線繡

646
直線繡

950
裂線繡

646　2股
645　1股
混色
裂線繡

646　1股
直線繡

646
緞面繡

646
直線繡

989
輪廓繡

642
直線繡

3799
法國結粒繡

645　1股
直線繡

3790
直線繡

950
裂線繡

3790
回針繡

977
裂線繡

3790
回針繡

拜訪廚房的小生物們　page 46-47

〔材料〕DMC繡線25號＝822、642、646、645、3799、727、729、3790、3772、3328、977、950、407、168、169、3781、989、3346、341

92

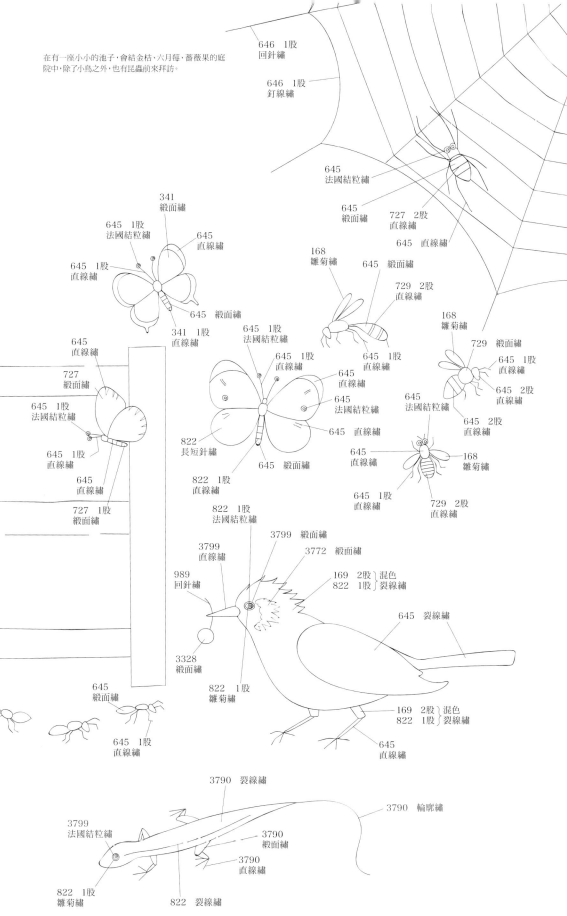

646　1股
回針繡

646　1股
釘線繡

在有一座小小的池子，會結金桔、六月莓、薔薇果的庭
院中，除了小鳥之外，也有昆蟲前來拜訪。

645
法國結粒繡

645
緞面繡

727　2股
直線繡

645　直線繡

341
緞面繡

645　1股
法國結粒繡

645
直線繡

645　1股
直線繡

168
雛菊繡

645　緞面繡

729　2股
直線繡

168
雛菊繡

729　緞面繡

645　1股
直線繡

645　2股
直線繡

645　緞面繡

341　1股
直線繡

645　1股
法國結粒繡

645　1股
直線繡

645
直線繡

645
法國結粒繡

645
法國結粒繡

645　2股
直線繡

645
直線繡

727
緞面繡

645　1股
法國結粒繡

645　1股
直線繡

645
直線繡

727　1股
緞面繡

822
長短針繡

645　直線繡

645　緞面繡

645
直線繡

168
雛菊繡

822　1股
直線繡

645　1股
直線繡

729　2股
直線繡

822　1股
法國結粒繡

3799　緞面繡

3799
直線繡

3772　緞面繡

169　2股 ⎱ 混色
822　1股 ⎰ 裂線繡

989
回針繡

645　裂線繡

3328
緞面繡

822　1股
雛菊繡

645
緞面繡

169　2股 ⎱ 混色
822　1股 ⎰ 裂線繡

645　1股
直線繡

645
直線繡

3790　裂線繡

3790　輪廓繡

3799
法國結粒繡

3790
緞面繡

3790
直線繡

822　1股
雛菊繡

822　裂線繡

93

我每年都會種植洋芫荽、紫蘇、芝麻菜等蔬菜，

但如今不知何故地卻種起了四種番茄，

開始了我番茄栽培初學者的日子。

番茄即使以盆栽種植，

生長速度仍與玫瑰或其他花苗大相逕庭。

被番茄搞得暈頭轉向，歷經換盆、種回地表……

之後終於平安結出有著黃色、橘色和綠色斑紋，

橘色的皺皺果實。

收成後試著吃吃看——

黃色（Roman Candle）＆橘色（Dad 's Sunset）品種

爽脆的口感非常美味，相當適合作成沙拉。

原先我並沒有特別喜歡番茄，

但卻因此感受到，

在眾多品種當中，還是可以找到比較喜歡的口味。

同時也稍稍瞭解了勤於種植蔬菜的人們的樂趣所在。

我想我小小的花園轉變為廚房庭院的日子，

恐怕也不遠了……

本書源起於

書籍設計師天野美保子小姐寄來的五彩繽紛蔬菜，

再經由我將其寫生＆醞釀創作後才得以誕生。

於此由衷地感謝與我分享蔬菜魅力的天野小姐。

另外，我小小庭院的泥土，

也在本書中特別露了點臉呢！

青木和子

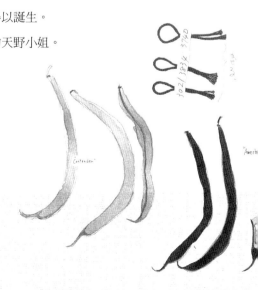

青木和子　Kazuko Aoki

在日常生活當中，將自己親手栽培的庭院花朵，
及旅途中相遇的草原&庭院花草……臨摹寫生後，
以繡線描繪於布料上。
其自然又充滿魅力的作品，因惹人憐愛．美麗．有趣，
引發非常多人的共鳴。
除了以手工藝家的身分持續活躍，
也為了成為一名園藝師而努力精進中。

著作
《青木和子的花草刺繡之旅：與英國原野動人的相遇》
《青木和子刺繡圖鑑 A to Z》
《青木和子十字繡圖鑑 A to Z》
《青木和子的花草刺繡之旅 2：清秀佳人的幸福小島》
《青木和子季節刺繡SEASONS》
《青木和子の庭園花草刺繡圖鑑BEST．63》
《青木和子的花草刺繡之旅 3：科茨沃爾德與湖區》
（日文版皆為文化出版局出版）。
法國、中國、台灣亦發行多本其著作譯本，
部分繁體中文版著作由雅書堂文化出版。

愛刺繡

愛刺繡01
青木和子的花草刺繡之旅
作者：青木和子
定價：320元
19×24.5cm．96頁．彩色＋單色

愛刺繡03
青木和子的花草刺繡之旅2
清秀佳人的幸福小島
作者：青木和子
定價：320元
21×26cm．92頁．彩色＋單色

愛刺繡07
手作人的私藏！青木和子の
庭園花草刺繡圖鑑BEST.63
作者：青木和子
定價：350元
19×26cm．96頁．彩色＋單色

愛刺繡09
青木和子の刺繡日記
手作人的美好生活四季花繪選
作者：青木和子
定價：350元
21×26cm．88頁．彩色＋單色

愛刺繡13
青木和子の刺繡生活手帖
作者：青木和子
定價：380元
21×26cm．96頁．彩色＋單色

FUN手作52
青木和子の自然風花草刺繡圖案集
作者：青木和子
定價：350元
21×26cm．88頁．彩色

國家圖書館出版品預行編目資料

收穫自然野趣の青木和子庭院蔬菜刺繡 / 青木
和子著；黃詩婷譯 . -- 二版 . -- 新北市：雅書堂文
化事業有限公司 , 2021.08
　　面；　公分 . -- (愛刺繡；16)
譯自：青木和子の刺しゅう庭の野菜図鑑
ISBN 978-986-302-596-2(平裝)
1. 刺繡 2. 手工藝

426.2　　　　　　　　　　　　110011964

❤ 愛｜刺｜繡｜16

收穫自然野趣の
青木和子庭院蔬菜刺繡（暢銷版）

作　　　　　者／青木和子
譯　　　　　者／黃詩婷
發　　行　　人／詹慶和
選　　書　　人／Eliza Elegant Zeal
執　行　編　輯／陳姿伶
編　　　　　輯／蔡毓玲・劉蕙寧・黃璟安
執　行　美　編／周盈汝
美　術　編　輯／陳麗娜・韓欣恬
出　　版　　者／雅書堂文化事業有限公司
發　　行　　者／雅書堂文化事業有限公司
郵 政 劃 撥 帳 號／18225950
戶　　　　　名／雅書堂文化事業有限公司
地　　　　　址／220新北市板橋區板新路206號3樓
電　子　信　箱／elegant.books@msa.hinet.net
電　　　　　話／(02)8952-4078
傳　　　　　真／(02)8952-4084

2018年5月初版一刷
2021年8月二版一刷 定價 380 元

NIWA NO YASAI ZUKAN AOKI KAZUKO NO SHISHU
Copyright © Kazuko Aoki 2017
All rights reserved.
Original Japanese edition published in Japan by EDUCATIONAL
FOUNDATION BUNKA GAKUEN BUNKA PUBLISHING BUREAU.
Chinese (in complex character) translation rights arranged with
EDUCATIONAL FOUNDATION BUNKA GAKUEN BUNKA PUBLISHING
BUREAU
through KEIO CULTURAL ENTERPRISE CO., LTD.

經銷／易可數位行銷股份有限公司
地址／新北市新店區寶橋路235巷6弄3號5樓
電話／(02)8911-0825
傳真／(02)8911-0801

日文版發行人　大沼淳
書籍設計　　　天野美保子
攝影　　　　　安田如水（文化出版局）
製版　　　　　day studio大楽里美
DTP操作　　　文化Photo Type
協助　　　　　清野明子
校正　　　　　堀口恵美子
編輯　　　　　大沢洋子（文化出版局）

參考文獻
クモ　ハンドブック　　文一総合出版
夏の虫　夏の花　　福音館
にわやこうえんにくるとり　　福音館
目にもおいしい野菜たち　　婦人生活社
野菜の便利帳　　高橋書店
ハーブ110図鑑　　日本VOGUE社
VEGETABLES　Roger Phillips & Martyn Rix
LOS PLACERES DEL HUERTO　　mondadori

Special thanks
加藤美千子

繡線提供
DMC
http://www.dmc.com

攝影協助
kiredo VEGETABLE Ateliter
http://www.kiredo.com/

Embroidered
Kitchen Garden

EMBROIDERED
KITCHEN GARDEN

Embroidered
Kitchen Garden

EMBROIDERED
KITCHEN GARDEN